你所谓的厌倦，不过是因为停止了生长

仲念念 著

北京理工大学出版社
BEIJING INSTITUTE OF TECHNOLOGY PRESS

目录 CONTENTS

一

所有的厌倦，
都是因为停止了成长

你的一天是怎么过的，你的一辈子就是怎么过的

01

曾经在网络上看到这样一段话。

“有种错觉叫作：我在头脑中激情澎湃了一会儿，就权当我努力过了；还有种常态叫作：我临睡前想做件大事改变世界，激动得睡不着。可是第二天早上，我连早起都做不到。”

这就是典型的“思想上的巨人，行动上的矮子”，有一张伶牙俐齿的嘴巴，可以随时随地口吐莲花，但是却总也舍不得挪动脚步，连动都懒得动一下。

相信在你身边也一定会有这样的人，或者说，我们自己就是这种人：看到别人的小细腰，眼巴巴地望着，在心里默默地跟自己说，我一定要减肥。

看到别人画着精致的妆容，再看看自己蜡黄还爆出几颗痘的脸，在心里默默地跟自己说，我一定要好好护肤。

…………

可是到了第二天，你依旧晚起，依旧来不及打扮自己，依旧放不下好吃的食物，依旧读不进去一页书。

于是就跟自己说：“算了吧，我觉得平凡也挺好的，人活着不过就这么短短一辈子，开心就好了，何必非要跟自己过不去呢。”

于是，你依然胖，依然不会搭配衣服，依然没有办法爱上自己分毫。有句话叫作：“你的一天是怎么过的，你的一辈子就是怎么过的。”

一旦你为懒惰开了一个名叫“凑合”的头，那么你所有的生活和工作都会变成“将就”。那种感觉就像在暴风雪里遇到了一个温暖的地窖，因为贪恋一时的温暖而不愿再往前走，直至地窖渐渐被大雪掩埋，而你再也走不出来。

所谓好习惯，就是能使人变得更好，日子变得更通透，工作变得更有效率的一种积极的生活方式。其中最重要的一点，就是自律。

02

讲到这里，不得不提的是我之前的一位直属上司。

当时我在一家法国葡萄酒公司做文案策划，一个偶然的机会跟她出差到北京，这也是我对她刮目相看的开始。

当时的北京正值冬季，凛冽的寒风分分钟就能杀进人的骨子里，可即使这样，她依旧能在凌晨五点准时起床，跑步、听英语、护肤、看书、吃早餐……所有的一切一气呵成，而我还在床上。

真的，这是我平生第一次真切地感受到无地自容。

这世界上最可怕的不是比你优秀的人还比你努力，而是你明知道自己不优秀却又不努力，还一味地自欺欺人，说别人的成功不过是好运和天分。

这是一出天大的闹剧，也是人这一生中最无用的愚蠢。

如果说之前的我对她是害怕，那么从那一刻开始，就彻底变成了对她的敬畏。

为什么平时的她可以以一副“女强人”“女魔头”的形象，风风火火地穿梭在各大项目上，各个会场上？为什么她的业绩总是第一？为什么她说话总是那么有逻辑，做事那么有条理？所有的一切都有了答案。

一个对自己有严格要求的人，每一天里的每一秒钟都不会允许自己“凑合”着过，更不会允许自己过一个“差不多就行了”的人生。

一个知道自己为什么而活着的人，不仅可以忍受任何一种生活，更可以将这种生活过得如诗如画。

人与人之间的差距其实就在于日常生活和工作的细节中，你不将就、不凑合，你的日子就会趋于完美。你马马虎虎地糊弄，觉得差不多就行了，那日子就会以“凑合”来回馈你。

说到底，人与人之间最小的差距是智商，而最大的差距，就是坚持。

坚持好的生活习惯，坚持对自己一贯的高要求，坚持不放弃，坚持不被坏情绪牵着鼻子走；坚持学习，坚持相信自己所有的努力，最终都会变成人生的惊喜。

我们现在的状态，是用过去的努力换来的；而我们未来的状态，是由现在的努力决定的。哪怕这期间可能会遇到很多意想不到的挫折，也要给自己重新再来的机会。这一点，我最佩服的是我的闺蜜梦梦。

03

梦梦在 21 岁的时候就结婚了。

当时我跟她再三确认，是不是真的想清楚了，她坚定地点头，说自己是嫁给了爱情。

所以，当得知她要离婚时，我整个人蒙掉了。

但我明显想多了，所担心的事情一件都没有发生。她没有哭，也没有闹，一如既往地坚决。

她说，恭喜我吧，我要迈入人生的下一个阶段了。

我不知道该说什么，因为她始终都知道自己想要什么。我只有选择相信她。没办法，她的内心看起来很强大。

恢复单身以后，她用自己所有的积蓄开了一家咖啡馆，走文艺复古风。

精心的管理加上恰到好处的运营，名气很快起来了，开了分店，然后又开了分店。于是，包包越变越大牌，车也由比亚迪变成宝马。

每逢有空，我都会去她那里坐一坐。在那里，让人心静的不只是她的咖啡，更是咖啡背后的老板，那个终生只被自己包养的女孩。

拿得起，放得下，不为过去纠结，不浪费现在，更不惧未来。这样的女孩，无论厉害成什么样子，都不应该觉得意外。因为她值得。

见过很多二十几岁正青春的女孩，活成了一副无所不能的模样。

大抵是走了很长一段无人知晓的路，才能收获无数掌声和鲜花吧。因为但凡是鲜花生长的地方，都是由无数的汗水与泪水灌溉的。

拿我曾经一位合租的室友来说吧。

当时我大学还没毕业，正处于异常艰难的实习阶段，一个月工资只有 2000 多，扣掉房租和日常开销，没有负债就已经格外感激自己。

但她不一样。她比我小一岁，但收入却比我高整整十倍。起初，她跟一个知名的直播平台合作，带队做主播，后来，自己开了公司。

在我还在为下个月房租发愁的时候，她已经全额给父母买了房。

那时候我就想，一个女孩子，此生最终的追求，也不过是活成这个模样吧。可以对父母一掷千金，可以想做什么，就做什么。

我跟她说，有时候我挺羡慕你的。

我是服气的，因为我曾目睹过她熬夜到凌晨，压力大到头发大把脱落的情况。记得曾经有一段时间，她还经常做噩梦。

她说她梦到自己不断地被人追杀，后面有数不清的豺狼虎豹，有时还有拿着刀和枪凶神恶煞的人。他们一直不停地追着她，跑啊跑啊，跑过崇山峻岭，跑过江河湖海……醒来的时候，双腿酸软到几乎动弹不得。睁开双眼，无边无际的绝望情绪蔓延开来。不想起床，甚至都不想醒。

听她说完，我轻轻叹了一口气，心疼地看着她说："你就是最近压力太大了，一直熬夜，身体早就超负荷了，身体超负荷了精神也跟着萎靡，要不请假休息一段时间吧。"

她揉揉眼睛，轻轻地摇了摇头，说："算了，哪有那么矫情，如果我身后有强大的靠山，或许我会暂时停下。但很可惜，我身后空无一人。"

辛苦吗？当然辛苦。

但没办法，路是她自己选的，既然想在 20 岁时想得到别人 30 岁或者 40 岁才能拥有的东西，就要付出比常人多几倍的努力，这是公平的，没资格抱怨谁。

所以，我们是应该去爱这个世界的，因为所有的努力都渐渐地被承认了，如果还没有，只能说明付出的不够多。

毕竟这个世界从来没有怀才不遇，只有怀才不够。

04

美国作家欧·亨利在他的小说《最后一片叶子》里讲了个故事：

病房里，一个生命垂危的病人从房间里看见窗外的一棵树，树叶在秋风中一片片地掉落下来。病人望着眼前的萧萧落叶，身体也随之每况愈下，一天不如一天。

他说："当树叶全部掉光时，我也就要死了。"

一位老画家得知后，便用彩笔画了一片叶脉青翠的树叶挂在树枝上，最后一片叶子始终都没有掉下来。

只因为生命中的这片绿，病人竟奇迹般地活了下来。

原来，只要选择相信，真的会有奇迹发生，希望虽然渺茫，但它永存于世。而奇迹是否出现，正是取决于我们是否有坚定的信念。

我们这一生看似短短几十年，但是真正走起来却是那么的漫长。你那么努力，那么辛苦，对于未来来讲，也不过是必经的路。只有悉数走过，才能成为自己的过来人。笑看那些曾经的悲苦，轻轻地对自己说："真应该谢谢你当初的努力，如果没有过去的命如蝼蚁，怎么会有今日熠熠发光的你。"

奥斯卡·王尔德曾说过："爱自己才是终生浪漫的开始。"

而我所理解的爱自己，就是不放弃任何一个让自己变得更好的机会，即使我们的努力暂时还看不到成绩，但是我们所走的每一步路，所吃的每一寸苦，都是在深深地扎根。你总会知道的，将来的那棵参天大树之所以能迎风招展，就是它因为根基足够深厚，营养足够丰富。

你的每一天是怎么过的，你的一辈子就是怎么过的。

生活不会更容易，但你可以更强大

01

打开微信，忽然蹦出这样一则留言："如何才能像你一样靠写作来养活自己呢？我想成为一个很厉害的人，就像现在的你一样。"

我忽然觉得有点恍惚，不知在何时，我已经活成了别人眼中那个"很厉害的人"。

后来我和这个朋友加了好友，她跟我说了很多自己的困惑。

她说自己从小就很自卑，一直觉得自己事事不如人，特别是工作以后，这种感觉更强烈了。这份工作并不是自己特别喜欢的，但是又无力改变现状，不知道该怎么办才好。

对于她的叙述，我沉默了很久，不知道该怎么回答她。

原因有很多，首先，我并不觉得自己很厉害，毕竟看到的都是日月流光般的璀璨，看不到的都是茫茫心酸。如果非要说有什么让别人觉得厉害的，不过是在月落星沉之前，比常人多了一份努力和坚持罢了。

其次，能否用写作养活自己是另外一回事，这个要看"养得起"的标准在哪里。

人不断地往前走，见识越多，对自己的要求就会越高，相应地，所遇的挫折也会增多，而人本身只有不断地升级和精进自己，才能配得起自己想要的生活。

就像写作一样，没有人可以复制别人的人生，别人都有人做了，我们只需做好自己。可以向别人学习，但不要盲目相比。因为别人所走的路，你不一定适合，别人所吃的苦，你未必能吃。

02

我始终相信世界是公平的，每一分努力最终都会被承认，如果暂时没有，也请选择相信，并且坚持下去。

我有个学弟，刚入职不久的时候，曾跟我聊过一次，他那时险些陷入抑郁中拔不出来，因为工作压力大到他恨不得从楼上跳下来，结束自己的生命。

他在一家外贸公司跑销售，因为是男生，又很内向，这样让他显得更不出众了。他每天都要面对客户的百般刁难，无论多难缠多苛刻，都要不停地迎合。每天熬夜到一两点，但依旧不能事事如愿。

他讲述的这些经历使我想起了电视剧《欢乐颂》里的职场新人关雎尔，她的那些经历，让我记忆深刻。

当时关雎尔被同事米雪坑过以后，哭诉着说：“长大以后做的越来越多的事情都是违心的，长大好累，工作也好累。”我那时都想隔着屏幕给她一个拥抱，因为那一刻的她，其实就是我们自己啊。

这个时代的年轻，真的是件值得骄傲的事吗？我有时候会悲戚地想，那些扬言说年轻就是资本的人，大抵除了年轻，真的一无所有了吧。

但这种想法很快就被我自己推翻了。

因为年轻意味着你可以有大把的时间去试错，并且可以在这些错误里增长阅历、开阔眼界、提升格局。或许在多年以后，当你遭遇困难或有所成就的时候，才发现这些你曾经走过的泥泞，都会是别人生命里没有的风景。

我们都不能确定未来的日子会不会更容易，但可以确定的是，未来的自己要比现在的自己强大得多。

03

什么时候我们会觉得身边的贵人越来越多？答案一定是在我们变得日趋强大以后。

我第一次有这样的体会，是在朋友写出第一篇爆文的时候。跟很多作者一样，我的这位朋友也一直有一个出书的梦想，但闷头努力了很久，却始终写不出成就。

她也曾经想过放弃，但有多少次放弃就有多少次重新拾起。

后来，她凭一篇文章瞬间火了起来，并且将自己的作品搬到了各个媒体的头条。于是，那些平常连信息都不屑于回复她的人，忽然对她变得特别温和。

再后来，她接连认识了很多出版社，他们诚心向她请求合作。她答应了，从此就再也没有卑躬屈膝地被动了。

她说，从那一刻她才明白：这个世界之所以公平，是因为它承认每一个人的努力，在自己没有发光之前，永远不要怪别人没有眼光。因为你暗淡的时候，他们根本找不到寻你的路；当你发光了，他们自会寻光而来。

而在此之前，所有的抱怨都是无济于事的，抱怨只能加重你的负担，让你变得更加挫败。

所以，相比于诉苦，我更希望我们能学会苦中作乐，好好经营自己以及自己的生活。希望我们能拥有一颗“菠萝心”，即使有盐水浸泡，依旧可以有甘甜的味道。

04

有段时间，我很喜欢夹娃娃，对娃娃机简直到了痴迷的程度，虽然每次都很难夹到，但夹的过程却让人格外上瘾。

有时候几十个游戏币都无疾而终，有时候一两个就可以得手，也正因为这种不确定性，才格外吸引我不断地参与其中。

每次都会差一点点，每次都觉得，自己只要再努力一下、坚持一下，就可以得到自己想要的。

有时，玻璃窗里的娃娃就像一个我们想要的多彩缤纷的世界，心心念念地想要得到它，就像孩提时代想得到那些心爱的玩具，如果我们努力着，坚持着得到了，就像是得到了全世界。

有时候我的朋友会问，为什么不自己买呢？几十块钱就可以买到一对娃娃。

可是意义怎么能一样呢。也许我们所追求的不只是娃娃本身，更是自己为想要的娃娃所做出的认真和努力，那种过程，格外让人心动。

我们都生活在一个节奏特别快的年代，却从不想过那种快餐一样匆忙而又没有营养的生活。我们每天都渴望遇见一些新鲜的人，新奇的事，使自己保持不断追求和探索的好奇心。

而娃娃机里面，那个缤纷的大世界，就是我们心心念念想要得到的一个诱惑，但是在此之前必须要有足够的耐心，即使失误很多次，失败很多次，也决不放弃。

因为我们心里总是知道的，只要再坚持一下，再多尝试几次，玻璃窗里那个心爱的娃娃，就一定会是我们的。

毕竟生活不会变得更容易，但我们却可以变得越来越强大。

所以，你要努力，但是不能着急，因为你所经历的不如意，都有其赋予你特殊的意义。

请你一定不要放弃。

别管长得怎样，尽管活得漂亮

01

闺蜜整容了，很成功。

人是变美了，可心却更自卑了。

我很不解，按道理讲，变美以后的人生，不应该是开挂的吗？这个世界总是对长得美的人格外的温柔。

毕竟，没有人不喜欢美。

但是这位闺蜜并没有。刚开始的时候，她信誓旦旦地跟自己说："你都这么美了，一定不能胖，不能不自律，不能没追求，更不能凑合讲究。这么美的你，一定配得上更好的一切。"

于是，她在工作之余，开始健身，开始上瑜伽课、游泳课，每天的行程都排得满满的，感觉自己又美又努力，整个世界都属于自己。

但渐渐地，这种感觉消失了，消失以后便开始焦虑。

她看着镜子里的自己，甚至有些恍惚，眼前的这个人她显然已经不认识了，脸不再是原来自己熟悉的那张脸，人更不是。

那种感觉，就好像是另外一个完全陌生的人强行躲进了她的身体里，在代替她过一种自己不喜欢甚至很反感的人生。很累，但却无力反抗。

那个人，其实就是自己的虚荣心。

她认为脸变得美了，一切就会彻底好起来。但事实证明，除了发自拍到朋友圈点赞的陌生人多了以外，她的生活并没有任何改变。

她没有因为变得好看而被升职加薪，喜欢的男神自始至终也没有多看她一眼，反倒是她的生活多了很多仪式感。这种仪式感，正是她焦虑的源泉。

一个人如果太拘泥于表面，生活就会变得很空泛，就像一个张牙舞爪的小丑，哈哈大笑的背后，往往都是无以言表的心酸。

一个真正优秀的人，往往从来不会害怕自己长得丑。他的存在价值和人格魅力不是由一张好看的脸蛋决定的，好看最多只是加分项，但有价值，才起决定性作用。

这个世界一定是看脸的吗？我认为不全是，真正看的应该是价值。

02

有着相似经历的还有我的一位关系很好的发小，我曾经也在一篇文章里提到过她。

她现在已经是一家上市公司的销售部经理了，很多人见到她都会惊讶于她取得的成就，因为她的右脸长有一块很丑的红色胎记，看上去非常吓人。但我不会感到特别惊讶。

因为我清楚一个不靠脸而取得成功的女孩子，一定付出了比常人更多的努力，而且这种努力，更值得每一个人去尊重。

但她也不是没有遭受过恶意和不公平的待遇，也不是一直都无孔不入，所向披靡。

她曾经无数次地怀疑，自己的脸长得这么丑，是不是除了勇气和韧劲，真的就一无所有？

她刚入职的时候，没少受委屈。

印象最深的一次，是一个项目的初步策划书，被她的同事以自己电脑坏了急需回复邮件为由，顺便窃取了她的策划书，然后换汤不换药地提交了。

但这还不是最过分的。

最过分是那位同事说："面相不好的人，也不见人品有多好，能力有多强。你这么诬陷我，真的能给自己带来存在感吗？"

所有同事一边倒，包括自己的领导。

她没有为自己解释一个字，因为解释真的没用，在以结果为导向的任何一家企业里，只有业绩才是你的底气。

于是，当她第一个月便把业绩冲到第一时，所有人都闭了嘴，也包括她自己。

有些东西是不能后天改变的，比如出身。

但有些东西是可以的，比如心态，和自己今后的人生。

有了业绩，就有了在公司存在下去的底气。同事变得没有那么苛刻了，上司也变得温柔了，连老板见到她都会微笑了。

上天没有给我们一张好看的脸是最大的不公平吗？

好像不是的，是否公平往往取决于自己。你看得起自己，并且愿意为此改变和努力，那么你就会有立足于世的底气。如果你真的很优秀，其实你那张并不出众的脸，是可以忽略不计的。

长得好看的人或许会比常人多很多让人靠近的机会，但能否在工作岗位长久地留下来，是取决于自己创造的价值。

只有花瓶才会说好看就行，真正有价值和优秀的人，好看的又何止一张脸？

还有无可替代的存在价值，一颗有质感的心以及一个有趣到千金不换的灵魂。

03

我曾经不止一次地遇到过因为长得丑而怀疑人生的人。

他们大都在遇挫以后，表现出一副生无可恋的样子，把自己埋在一个很小的圈子里，就像坠入一个深不见底的深洞。他们认为，长得丑，就注定暗无天日，一无所成。

但是，真正使你一无所成的，并不是“长得丑”本身，而是你那颗自暴自弃的灵魂。

拿一位跟我关系很好的女读者来说吧。

她从小就喜欢播音主持，一心立志当一位播音员，但是现在，她毕业 10 年后，却成了一家贸易公司的资深财务专员。

可是她的梦想呢？梦想去哪儿了？

她说，梦想在别人的打击和自己无限的自我否定中，溺死了。

是的，她至今都在懊悔，因为自卑，她甚至都不敢抓住命运抛给她的机会。

我问她：“你到底在怕什么呢？”

她说："什么都怕，怕被人嘲笑，怕被人说不自量力，更怕自己都看不起自己。长得丑不可怕，可怕的是长得丑的人，想得美。"

我又问："那现在呢？后悔吗？如果有再来一次的机会，会不会试一次？"

她沉默了一会儿，满眼笃定地说："会的。"

"为什么？"

"因为我不想再输给自己的懦弱。"

是的，她承认了，打败她的从来都不是现实的残酷，而是因为不自信而强加给自己的那些各种无须有的枷锁，那些所谓的"恶意"，其实都源于骨子里那个懦弱的自己。

明明是自己缺乏尝试和放手一搏的勇气，明知道微薄的努力配不上天大的野心，还说什么世界不公平呢？

我同样见过很多神采奕奕，自带光芒的姑娘，她们没有让人看一眼便心动加速的脸，但一样活得灿烂。

如果一个人从一开始，便在心里种下一颗叫作"自卑"的种子，那无论以后的日子是晴空万里还是乌云密布，都于事无补。

有句话叫作：当你特别渴望一件事的时候，整个世界都会帮你。

相反，当你觉得自己不行的时候，没有一个人会觉得你可以。

要知道，如果你非要把自己钉死在"无用"的板子上，那无论怎样的运气来临，都会被你视为"恶意"。

其实，你对这个世界的偏见和对自己的否定，才是对自己最大的不公平。

04

我们肯定个人价值在工作中的决定性作用，但并不代表我们否认外在的作用。

正确的人生态度应该是：我的存在是无可取代的，但并不是因为我有一张好看的脸和让人神魂颠倒的身材，好看的脸和身材只是锦上添花，有它更好，没它我一样骄傲。

还记得电影《穿普拉达的女王》里的安德莉娅吗？

她最初进入顶级的时尚杂志《天桥》的时候，看起来是那么格格不入。长相一般，穿着老土，妆容几乎没有，喜欢胡吃海喝，所以只能穿大码的衣服，在一群衣着光鲜时尚的水蛇腰和大长腿面前，她存在的唯一价值，就是被别人不停地嘲笑。

当时她整个人险些崩溃掉，生活被工作逼得分崩离析，渐渐失去了自己，失去了爱人，失去了朋友。

她挣扎过，怀疑过，也试图放弃过。

被女魔头上司，那个穿着普拉达的米兰达，逼得险些发疯的时候，她沮丧地跟尼格尔说："我尽力了，我要放弃了。"

尼格尔说："不，你没有，如果你尽力的话，就不会允许自己这样的穿着。"

于是，她被带进衣帽间，她穿上当下最流行的套装，穿上最新款的香奈儿高跟鞋，她整个人瞬间变得神采奕奕。

改变了外表，也改变了心态，而改变了心态就改变了世界。

从此以后，安德莉娅的生活发生了彻底的改变。追求在改变，她的衣着品位乃至衣服尺码也在随之改变。她不可自拔地被卷入了一场虚妄却没法停止的竞赛，与时间、与生活、与金钱、与无数难以记述、难以辩驳的必然理由竞赛。

也许她是有理由的，理由就是面前这个穿普拉达、满头银发的女人正在无休止地向她发出命令。

但她没有胆怯，也没有退缩，而是渐渐地适应米兰达的工作节奏，有条不紊地完成每一项工作，最后代替第一助手艾米莉，前往巴黎参加时装周。

与其说安德莉娅的改变是因为一双最新款的香奈儿高跟鞋，倒不如说是自己重拾自信以后的心态。

高跟鞋只是她自信心的缩影，是她濒临崩溃时的一棵救命稻草，但如果只有高跟鞋，她显然不会有以后让米兰达惊讶的成就。

追根究底，穿上高跟鞋以后那个变得更好的你，才是让人报以肯定的资本，这也是你无可替代、赖以生存的底气。

既然没有人一出生就被剥夺变得更好的权利，那我们又何必自怨自艾？

其实，真正的美从来都不止于一张倾国倾城的脸，植根于内心的自信，才是最有气质的美。

05

忽然想起小学时学过的一篇课文。

讲的是一个小女孩，因为不自信常年低着头。有一天，老师送她一个蝴蝶结，她特别欢喜，戴在头上，逢人便甜甜地微笑着。

然后大家都说，哇，你今天好漂亮。

她很开心，在心里说，一定是蝴蝶结的功劳。但是她回家以后才发现，蝴蝶结早就不见了。原来，她抬起头来自信的样子，才是最美的样子。

这个故事我记到了现在，脑海里一直回想着一句话：人不是因为美丽而自信，而是因为自信而美丽。

其实，我们每个人都不是生来就很优秀的，我们无法左右自己的基因，却可以决定自己成为一个什么样的人。

要知道，你才是那个守护自己的天使，你的每一分努力，每一分坚持，都是你立足于世的武器。

如果你不甘于自己如今的长相，就应该去努力，无论是外在还是内在，都可以通过后天的努力去抵达，因为你努力的样子，本身就是最美的样子。

而一边抱怨一边又无力改变自己的人，才是最不好看的。

目光放远一点，
人生就成功了大半

01

2013 年年底，在我还拿着 1000 多元的实习工资，吃了上顿没下顿的时候，当时跟我合租的室友已经筹划着开自己的公司了。

他长我几岁，我喊他李哥，潮汕人。他做任何事情都特别有规划，大到自己的前半生，小到明天早上戴什么颜色的领带。

那时的我，没经历过什么大事，哪怕在公司跟同事发生一点小小的别扭，都要默默地委屈好多天。

有一次，我们部门换办公室，我因为不会装电脑，被同事光明正大的嫌弃了，她当着所有人的面说："你都这么大的人了，连装个电脑都不会，真不知道怎么进来公司的……"

虽然她后来道歉了，承认自己因为心情不好才拿我撒气的，但我还是偷偷地抹了好几次眼泪。

后来李哥知道了，就跟我说："你试着把目光放长远一点，不要纠结昨天已经发生的事该怎么办，就想着 5 年后、10 年后、20 年后，这件事对你来说是否还重要，如果不重要，那你何必再纠结？"

我愣了一下，瞬间觉得豁然开朗。

也正是这段话，在后来的很长一段时间里一直影响着我，使我懂得，一个人的发展之所以受局限，不过是因为格局太小，只是守着昨天的过失不放，又怎么看得到明天呢？

所谓“谋大事者必先布局”，对于人生这盘棋来说，我们首先要学习的不是技巧，而是布局。一个人只有格局大了，未来的路才能宽敞。

02

说到格局，忽然想起了我的一位学弟。

他小我一届，我们大学时同在一个社团，印象最深的就是他的团队曾做过一个关于旅游的项目，当时在学校组织的创业大赛中，得了冠军，并且很快拿到创业基金，成立了自己的工作室。

毕业后我没再回过学校，我们的联系也越来越少，直到前段时间他来广州出差，约我出去吃饭，才知道他的公司已经做得风生水起了。

当时我也在旅游公司，我们算是同行，即兴聊了很久。

最使我动容的是他谈到未来的规划时，整个眼睛都在发光的样子，那是一种势在必得的自信心和特属于年轻人的拼劲。

我知道他一定会成功的，因为他的眼神已经告诉了我。

他从大学开始，甚至在还未上大学时，便已经很清楚地知道自己想要什么，并且制定了清晰的目标和规划。几年来他稳扎稳打，步步为营，以至于在别人四处求职、四处碰壁之时，他已经成立了自己的工作室。

格局大的人，总不会混得太差，他的目光所及之处，远不止眼下微薄的收入，而是为以后打下坚实的基础。

他的眼光、胸襟、胆识等心理要素的内在布局，远超于常人。他擅长以大视角切入人生，力求站得更高、看得更远、做得更大。

而大格局决定着事情发展的方向，格局决定结局，这话并非没有道理。

03

我的公司有位同事，平时看起来总是特别努力，来得最早，下班最晚，但她的业绩一直平平，每次升职加薪都轮不到她，时间久了，她就开始怨天尤人。

说来也是倒霉，有一次，她在卫生间抱怨，说老板目不识丁，对她不公平什么的，结果被老板抓个正着，第二天就被人事通知辞退了。

奇葩的是，她走之前打印了几十份自己的简历，有同事问她："你这样被人看到不好吧，打印那么多……"

她说："这有什么啊，去外面打印得花好几块钱呢，公司免费的干吗不用，反正都要走了，不用白不用……"

她巴拉巴拉地说个不停，我却再没了听的兴趣，瞬间明白了她业绩平平的原因。原来她的格局，就有打印纸的那么几块大。这样的人，你又能指望她会有多出色的成就呢？

想来也真是可悲，她那一句"得花好几块钱呢"成功地出卖了她。目光短浅和心思狭隘的人，注定走不远。

人生在世，不过短短几十年，如果你把自己的人生限定在很小的格局里，时间久了，就会将自己变成井底之蛙，生活变得单调乏味，白白辜负了生命，也丧失了跳出去重新奔跑的能力，整个人生因此变得孱弱和空洞，而只有跳出那个小圈子，人生才会有大的发展。

04

很久之前听过这样一个故事，相信大家都不陌生。

三个工人在工地砌墙，有人问他们，你们在干吗呢？

第一个人没好气地说：我在砌墙，你没看到吗？

第二个人笑了笑，说：我们在盖一幢高楼。

而第三个人笑容满面，满怀憧憬地说：我们正在建一座新城市。

10 年过后，第一个人仍在砌墙，第二个人成了工程师，而第三个人，是前两个人的老板。

马东曾经说，我们的人生往往因为看见一条船而忽略了一条河。是啊，格局的大小，直接决定了我们看到的风景。

我们的目光所及之处是苟且还是远方，往往取决于我们身在狭窄小巷，还是辽阔的草原。有多大的胸怀往往就能看到多大的世界。

人的思维决定格局，拥有大格局者，必有开阔的心胸，不会因环境的不利而妄自菲薄，更不会因为能力的不足而自暴自弃。

所以，不要拘泥于眼下的委屈和痛苦，目光所及之处，应是整个璀璨的星河。而你也只有立足当下且心怀远方，才能真正走在路上，因为只有出发，才能知道路有多宽，未来有多远。

愿你在风雨里披荆斩棘，愿你是无惧无畏所向披靡的战士，也愿你是阳光下无须长大，沐浴静好时光的孩童。

而在此之前，请看远一点，再远一点。

所谓人生开挂，
不过是厚积薄发

01

6 月份的时候帮朋友搬新办公室，一边为她开心，一边又忍不住为她担心。

开心的是她的事业越做越大了，担心的是她的身体。她创业初期经常熬夜，饮食又不规律，得了很严重的胃病，说过她很多次，她自己也知道，但总也改不了。

工作太忙了，压力又大，真的没办法。

即便如此，还是有很多不明真相的人酸她，说什么不过是运气好罢了。其实，哪有什么所谓的运气，不过是别人把你说闲话的时间，用在了工作上。

这一点我体会特别深，因为从大学开始，就没有见她闲着过。可以说她创业初期的客户，大都是兼职时积累下来的，那时她不仅做好了未来 5 年的职业生涯规划，还一步步地付诸在行动上，稳扎稳打。

记得最清的一次，是 2014 年的年底，当时临近过年，广告部的同事请年假提前回家了，可有一个客户临时提出要修改方案，当时还有大把工作积压着，几乎瞬间便能压垮她。

但她什么都没说，沟通好具体要求和细节，直接连夜赶了出来。

方案过了，她病倒了。

但你知道吗？最让我感慨的是病倒以后的她还在坚持工作，手背上输着液，手指敲着键盘……

几年以后，她的公司越做越大，每每回忆起当初那段玩命工作的时光，不由得感慨万分，那真是一种向死而生的疯狂。

那种感觉就像爬山一样，累到精疲力竭还要向上爬，会让你觉得痛不欲生，但是想想山顶绝美的风景，又会觉得欲罢不能。于是渐渐地，坚持向上就变成了一种习惯。

02

其实，不只是她，我身边的很多人都是如此。

一个月前，陪一个做外贸的学长回校开讲座，早就耳闻了他的种种事迹，但听他亲口说出来，还是忍不住感慨。

他长我三届，知道他是学生会主席时，我才刚刚上大一，那时他已经在校外实习了。

他很谦逊，眼角总是带着笑意，从不让人觉得跟他有距离感，学弟学妹们一直都拿他当榜样，当男神，其中也包括我。

每当有人问他是怎么做到的，他总是莞尔一笑，说："坚持你所热爱的，热爱你所坚持的，剩下的，交给时间就好。"

这句话给了我很大的启发。其实，刚做业务的时候，他经常加班，还要四处拜访客户，无论刮风下雨都无一例外。这其中最难的，就数喝酒了。

他酒精过敏，但有时请客户吃饭，喝酒总是在所难免。有一次遇到一个北方的客户，为人豪爽，好酒，三下五除二学长就倒下了。

酒醒以后，人在医院，他酒精中毒了，来洗胃。

那一单签下了，但他的胃，却从此伤了。

很多人都曾是这样吧？一心想往上爬，想离自己想要的近一点，再近一点，也曾想过停下来，但害怕短暂的舒适会磨灭自己昂扬的斗志，害怕自己紧紧绷着的那根弦，稍一松懈，就断了。

于是，我们迎风作战，除了认输以外，什么都敢去做。

03

如果只是努力就可以活成自己想要的样子，那何乐而不为呢？

人一生所求，不过是在四处碰壁里，碰见自己。

成长不是一蹴而求的，所谓的人生开挂，也不过是厚积薄发。

这句话我曾跟一位读者说过，当时她问我：

“如何才能像你一样写出这么好的文章呢？我也想出书，但是我写作水平好差，不像你，随便写一写就可以得到那么多肯定，像开挂了一样。”

我当时沉默了好久，并不知道该怎么回答。因为她所谓的“随便写一写就能被人肯定”，不过是我一年写上百万字的厚积薄发罢了。

就好像你途经了一朵开得格外灿烂的花，你说，我好羡慕你啊，我为什么不能开放呢，一定是运气不好吧。

但你只是途经了花的开放而已，它曾如何扎根于土壤，如何抵抗住暴风雨的侵袭，这些你都不知道，但你却把这归为运气。

所以，你运气不好的原因，不过是你想要得到又不肯付出而已。

04

想起 2016 年年底跟同事去南昆山爬山的经历。

总会有那么一个地方，无论你去或者不去，它都一动不动地存在那里，美得孤独且肆意，但只要你去，它便会张开怀抱，拼尽全力地拥抱你，接纳你，并且融化你。

与我来说，山就是这样的一个存在。

世界像是一个巨大的冶炼厂，形形色色的人们日复一日地磨炼着自己，包括意志、身体、思维以及格局。当我们身心皆疲，布满灰尘之时，你就可以去山里，它会温柔地将你拥抱，并且轻轻地荡涤你的心灵。

它不是你的，它是大自然的，你也不是它的，你是你自己的。

但你总会在那么一个瞬间，觉得你和它合成了一体，实现了真正意义上的融合。

你可以肆无忌惮地对着它张开怀抱，闭上眼睛深吸一口新鲜的空气，然后你会感到世界如此之大，万物皆可容纳，包括步履蹒跚的我，也包括意气风发的他或她。

世界是庞大而复杂的，有千千万万的人每天过着千万种人生；但世界同时也是渺小而简单的，因为你总会找到一个契合点，蓦然发现，其实我们都一样。

一样的充满欲望，一样的迷茫，一样的努力。

那么，请一定要有征服世界的野心，然后允许自己低到尘埃里。

唯有如此，才能深深地扎根，更加充分地享受人生充盈且饱满的过程；也唯有如此，才更能深刻地理解生活最本真的样子。

坚持相信，即使对未来一无所知；坚持早起和运动，坚持学习，坚持累积，然后双手合十，静静等待。

等时间携成果而来，肯定你，奖赏你，偏爱你。

因为时间知道，从来都没有什么人生开挂，有的只是厚积薄发。

请一定要——继续加油。

如何看待加班这件事？

01

加班不苦，逼着自己加班才苦

2017 年除夕的前一晚，我在公司加班到晚上八点多，拖着疲惫的身体回到家，往床上一躺，就睡着了。

醒来的时候已经将近凌晨，挣扎着起来，打开电脑，看到有人留言:

“念念最近怎么了？公众号后台怎么没有更新了呢？一直在等你。”

“没更新？我很久没有更新了吗？我不知道啊，最近太忙了，年底嘛，公司的事情比较多。”

我眯着眼睛啪啪地打着字，认真地回复他。

“啊！不会吧，明天就除夕了，你们还没放假？好变态啊！真可怜，辛苦你了。”

我有些蒙了，忽然不知道该怎么回复了。

首先，我们不是不放假，只是我得了一种不加班就全身不舒服的病。其次，我不觉得加班就一定是可怜的，我反而觉得做自己喜欢做的事，是一种享受。

真的，加班不苦，逼着自己加班才苦。有句话说，只要心甘情愿，一切都变得简单。工作也是一样，如果你不是发自内心地热衷于一件事情，哪怕是一分钟，都会觉得如坐针毡。而如果是热爱，就一定会不知疲倦。

02

工作是为了生存，还是生活

朋友从小梦想着做服装设计师，无奈上大学时拗不过父母，学了医。毕业以后辗转了几家医院，心力交瘁，脾气也被磨得日益平和。

我问她，“梦想呢？”她笑了笑，用网上的段子回应我：“上班就是为了赚钱啊，别跟我说什么梦想，我的梦想就是不上班。”

我语塞，觉得无奈又心疼。

她说，虽然毕业才几年，但是已经不再热血沸腾了，怎么活都是一辈子。也许是因为在医院吧，所以比常人更能看透生死，此生只愿父母健康，生活安定。

原本是想鼓励她再拼一把，反倒被她治愈了。每个人都有自己要走的路，任何人无权指指点点，有时候选择尊重她人意愿反倒是最好的成全。

扯远了，我们回到那个段子上来。“我上班就是为了赚钱”，老实说，这句话曾经带给我很大的恐慌感。真的是做所有的事情都要有其目的性吗？且这个目的一定要有关于利益，有关于金钱，有关于欲望，否则就是无用功，就是毫无意义？

我第一次觉得，金钱是那么的可怕，目的性是那么的可怕。

我所理解的做一件事情，做一份工作，如果是自己喜欢的，就是自由，就是享受。且这种自由可以上升到人生价值，人在这种价值中可以自我完善，自我实现，无关于金钱，却远比金钱要重要得多。

可能有人会说，人食五谷杂粮，最终都要归于柴米油盐，圣人一般的想法和过法终归过于理想化，毕竟我们都要顾及生计。

赚钱是为了更好地生活，但是生活却不只是为了赚钱啊。物质是人生活的必要条件，但却不是充分条件，在物质条件差强人意之时，还是稍稍放下功利之心吧。

这个世界上，远有比物质更重要的东西，比如精神，比如感情，比如价值。

03

对不起，我今晚又要加班

大学毕业以后的这半年里，我几乎是没有任何娱乐活动，除了去外地出差以外，连我妈都会怀疑我是不是得了自闭症。

即使是过年，我也几乎不出门，如果出门，那肯定是去公司加班了。

朋友问我："你这样忙，都没有时间谈恋爱了吧？"

我回答说："我这就是在谈恋爱啊，和工作谈恋爱，而且是可持续性的，朝朝暮暮，海枯石烂。"

是的，我热爱工作就如同热爱生活。曾无意间看到过一句话说："热爱才是你判断一份工作值不值得为它牺牲的标准，除此之外，全是浪费生命。"

老实说，我当时并不完全认同，大概因为尚未找到令我为之神魂颠倒，韶华倾负的工作吧。就好像遇到对的人之前，所有的标准都是板上钉钉一样的神圣，但那个人一旦出现，那个人就是唯一的标准。

我一贯的人生信条就是：可以失败，但是绝对不可以有遗憾。做一件事也是一样，要么不做，要么就做到最好，我绝对不会允许自己在有限的人生里，过一个差不多就行了的人生。

所以，我工作，必定是我所热爱并且愿意为之付出一切，否则都是浪费时间。因为我所追求的从来都不是眼前看得见的物质，而是以后长久的发展和我自身无限可能性的拓展和延伸。

很多人把时间分成工作时间和生活时间，对于我来说并不是这样。我觉得工作就是生活的一部分，而生活没有了工作也就不再是生活。两者之间相得益彰，唇亡齿寒。

但话说回来，能遇到自己真心热爱的工作并非如此容易，所以才会有那么多委屈的身体和灵魂，整日里怨气冲天，疲惫不堪。

对于这一现象，我希望能换个心态想一想，倘若可以做出改变，那就背水一战；如若不能，那就坦然接受，并尝试着去热爱。然后慢慢地你就会发现，热衷于加班就像是谈了一场可持续性的恋爱，你们彼此需要也互相成就，彼此独立也互相成全。

在这场恋爱里，彼此间的热爱是这段感情的必要条件，吸引和欣赏是感情的基础之石，而终日的即使相互嫌弃却又始终相互坚持，就是恋爱永久的保障。

所以，对不起，我今晚又要加班。

但没关系，我喜欢加班的时候那个成长并且日益成熟的自己。

04

热爱工作，其实就是热爱自己和生活

老实说，我并没有很丰富的工作经验，只是一路走来，格外幸运罢了。遇到的工作都是自己喜欢的，且在这种喜欢里，遇到了最好的自己。

说到这里，就不得不说一说广州市拓臣五金有限公司了（以下简称“拓臣”）。拓臣是我大学实习期间工作过的一家外贸公司，在那里，我上了职业生涯里最重要的一课，是她教会我热爱，并且一路引导我如何去和“工作”谈恋爱。我喜欢那种在忙碌但却有条理的工作中驰骋的感觉，能切身体会到自己的进步和成长，有种说不出来的踏实。

这种感觉一直引领着我，即使后来我离开了，那种热爱都依然存在。

2017 年 1 月 5 日，是我在广东中态国际旅行社工作满一个月的日子，当时我在日记里写道：在中态又重新找到了活着的感觉，原本以为离开拓臣以后不会再如此热爱了，但不是的，拓臣更多的是教会了我如何去热爱一份工作。

离开拓臣以后，无论自己去到哪里，都能带着这种热爱不断地去挖掘自己的潜能，释放自己的才能，尝试更多的不可能，从而在过程中不断地发现自己人生的各种可能性。

比如自己应该如何工作，如何跟同事相处，以及跟自己相处；比如如何把工作时间分配得最合理，把工作的效益做到最大化，等等。最重要的是，如何放大自己的格局，并且一一付诸在日常的行动里。

因为这种热爱已经深入了骨髓，成为身体的一部分，随着时间的增长，变成一种品质，和身体合二为一，无论在哪儿，她都会相伴相随。

对于工作，我一直有着火一样的热忱，我很渴望去实现一些什么东西，理念也好，价值也好。总是希望有自己的精神传承，这种价值观就像是孕育一个自己的孩子，一天天地看着它长大，一定要在有生之前给它最好的，等到它开花。

人这一生，始终短暂，不过短短几十年。所以我始终认为，能做自己喜欢做的事情是种自由，但是你若喜欢自己做的事情，那一定就是幸福。做自己喜欢的，是过程，重在自我享受；而喜欢自己所做的，是结果，重在自我实现。

所以，我希望我们都能在有生之年，做自己喜欢做的事情，并且在很多年以后，喜欢自己做的事情。而在此之前，希望你能不断地去开拓，去发现，开拓很多未知的可能，并且不遗余力地去努力。不要畏惧加班，毕竟世间所有的美好，闻起来都有加班的味道。

换个角度想一下，加班不过是一种额外的奖励，这么努力又这么优秀的你，配得上加班带来的所有的进步和成长。也唯有如此，才能在以后漫长的时光里，发现更优秀的自己，并且感谢当初的不放弃。

所有的厌倦，
都是因为停止了成长

01

你终于还是受不了了，一把推掉桌子上的文件，恶狠狠地骂了句脏话，然后头也不回地出门了，打电话给最好的朋友，说，出来喝酒。

那位陪你喝酒的朋友，就是我。

你说你真的厌倦了现在的工作，每天重复，不停地重复，没有一点新鲜感。薪水永远上不去，工作永远做不完，感觉自己就像一个没有感情的陀螺，不厌其烦地转啊转。

可是你刚开始不是这样的啊，工作还是那份工作，只是你不再是当初的那个你了。

我记得当年我们刚踏入工作岗位那会儿，每天就像打了鸡血一样，兴冲冲地起个大早去挤地铁，赶公交，一切都是鲜活的，充满希望的。每天都有用不完的精力，哪怕晚上加班到十二点，也依旧乐此不疲。

那时候觉得，没有什么比切身地感觉到自己的进步和成长更令人开心了，那种努力之后获取的成就感，千金都不换。

如今言犹在耳，难免打脸，时间在走，我们在变。

时间改变了一切，几年过去，我们终于走向厌倦。工作量越来越大，银行卡的余额却不见增长。曾经坚信工作是为了梦想，如今的梦想却只是变得有钱。

于是，一切都变得索然无味了。

可问题的根源出在哪里呢？

一边抱怨，一边又无力改变，这样一来，无趣只会变成恶性循环。其实，哪有什么所谓的厌倦，不过是因为你停止了成长而已，这世上从来都没有无趣的生活，只有对生活逐渐失去兴趣和信心的你。

只有成长，人生才会有希望。

02

我身边有这样的一群人，其中一位是我前公司的董事长。

他已经六十几岁了，心态却跟我们一样年轻，因为他在公司微信群里跟我们斗表情包的时候，没有人会联想到他的年龄。

我刚入职那天就对他印象深刻。

中午时分，大家都在吃午饭，只有他拉着一把办公椅坐在我们公司设计师的旁边，一手拿着笔记本，一手扶着眼镜，聚精会神地学习coreldraw，还打趣地自嘲道，等学会以后，就发朋友圈，让朋友点赞。

那时，我还不知道他是谁，但这并不影响我对他的敬佩。

在本该颐养天年的年龄，他却有着一颗 20 岁的心，对于这种人，时光怎么会舍得让他老去呢？毕竟，真正的年轻从来不是年龄，而是心境。

知道他是公司的董事长，是在公司的年会上。

当时他上台发言，几乎感谢了公司的所有人。他说每一个人都是他的老师，他从大家身上学到了不同的东西，不只是专业上的技能，还有在工作和生活中带给他的启迪。

那就是永远不停止学习和成长。因为在这个过程里，不只是能感受到努力的意义，更能在提升中保持活力，拥有无限可能的自己。

这样的人，又怎么会厌倦生活呢?

于是我想，如果说世界上只存在着一种真正的成功，那一定属于孜孜不倦的求学者，一边隐忍成长，一边坚信学无止境。

03

你身边也一定会有这样的人。

他们收入不多，家境一般，却将日子过得特别有质感，无论工作和生活是否有趣，反正都阻止不了自己有趣。

周国平先生曾经告诉我们：“一个人活在世上，必须有自己真正爱好的事情，才能活得有意思。”

他说，“人不仅仅属于这个时代，无论时代怎样，没有人必须为了利益而放弃自己的趣味。人生之大趣，第一源自生命，第二源自灵魂。一个人只要热爱生命，善于品味生命固有的乐趣，同时又关注灵魂，善于同人类历史上伟大的灵魂交往，即使在一个无趣的时代，他仍然可以活得很有趣。”

前年回到河南老家，特意去拜访了高中时的老师。

陈老师已经退休了，头发隐约花白，但这并不能影响她的神采，还是那样精神，还是那样睿智动人。时光在一个有质感的灵魂面前，竟是从未残忍。

最打动我的，除了陈老师本身的状态以外，还有她精心打理的小花园。

她的爱人去世以后，儿女几次提出要接她走，但她不肯。

她喜欢种一些花花草草，只是因为这件事本身非常美好，而她总是那么容易地被美好的事物所吸引，为它们倾注所有的心血。看着它们一天天长大，从发芽，到开花，再到枯萎。

当它们走完自己的一生，种花人也完成了一次心理历程。在这一过程中，心里始终是安慰的，生命得以陪伴和升华，对她来说，便已是最大的恩赐。

于是我想，一个人如果有对事物的热爱，无论怎样寂寥和清贫，都可以活得怡然自得。这样的生命无疑是充实的。有所牵挂和寄托，就有无限的期待和希望，这样的生活，又怎么会使人厌倦呢？

04

相反，如果一个人始终没有自己内心的坚守，无论其在某一个领域里取得多大的成就，都会感觉到空虚，灵魂居无定所，日子久了，就会觉得厌倦。

厌倦了生活，然后就开始怨声载道，明明一切看起来那么好，明明都是自己想要的，为什么还是不满足呢？

我之前的同事小张便是如此。他每天都把“没意思”挂在嘴边，一副看破红尘的样子。每天准时上下班，稍微有事多留他加班10分钟，都要抱怨很久。

公司每次有活动，都没有见过他的身影。对他来说，这简直是在浪费时间，还不如在家玩游戏来得痛快。

后来，他在公司待了不到半年，便被辞退了。

他搬东西走的时候，还在说："无所谓了，活着真没意思，一切都没意思。"

其实，并非生活对他残忍，而是他从未真的热爱过。如果没有找到自己的爱好和乐趣，精神就无从寄托，久而久之，一切自然变得无趣。

一个对生活没有期待，对自己没有要求的人，是不会给身边的人带来正能量的。如果他保持好奇心和新鲜感，不断地去认识新的人和事物，不断地开拓自己人生更多的可能，那一切将会变得不再一样。

我一直坚信，人的生活质量从来都不是完全取决于物质上的富足，真正拉开人与人之间差距的，是人的精神层次和处世态度，以及一颗有质感的内心。

尼采告诉我们："厌倦是因为停止了成长。而一旦停止成长，人便再无期待。"

可生活原本不是这样的，无趣的从来不是生活，而是对生活的不再热爱的你。要知道，一旦你看世界的角度温柔了，世界也就温柔了。

二

所有你流过的泪，
都是渡你的河

当你决定出发时，最难的就已经过去了

01

曾经有位读者跟我说，她好像抑郁了，常常觉得人生灰败没有希望，每天清早起床，心情都格外沉重，甚至想一睡不起。

她今年大二了，一直都是争强好胜，各项成绩都要力争前茅。特别是关于考职业资格证书的问题，别人考得上的，她当然要考，别人考不上的，她更要考了。

她总是把自己弄得筋疲力尽，却还要装出一副无坚不摧的样子。我从她的忧心忡忡的语气中，仿佛看到一个即使金甲裹身，依旧慌不择路的怯弱少女。

她问我该怎么办，要不要选择继续考证呢？对于未来有那么多的不确定，或许多一个证书，以后就会给自己多一条选择的路。证书与她来说，就是所能给自己的，最好的安全感。

我沉默了良久，然后跟她说："你沉下心来跟自己来个深度对话吧，问一问自己想要的究竟是什么，先不要管别人如何，然后做你喜欢做的，和你认为值得做的。未来不是用来想的，而是一步一步走出来的，每一个过好今天的人，明天就一定不会太差。"

她谢了我，说自己明白了，轻轻地道了晚安。

然后我再也没有睡着。那晚我躺在床上，静静地看着天花板，悲戚地想，我们来到这世上，怎么能凡事都求跟别人一样呢？只需要做好自己就行了。但是这个自己，究竟要怎么做，才能无愧于自己？

如何做好自己？始终是人生的一大难题。

我们总是要担心失败了怎么办，未来遥遥无期，找不到好的工作，没有好的归宿怎么办。所以渐渐地，因为忧心漫漫前路而变得不敢出发，可是说到底，无论选择哪一条路，都会有不同的收获和牺牲；无论选择哪一条路，都会遇见不同的人和事，以及不同的风景。

人总是要学会为自己的选择负责，所以在做出选择之前就要有足以承受的心理准备，这样才不会在事情发生的时候慌不择路，或者悔不当初。唯有如此，才是一个成年人应当具备的心理素质。

02

其实不只是她一个人，还有太多太多的人有类似的情况，每天都在不同的时间和地点悉数发生着。他们通常都是一副抓耳挠腮、走投无路的样子，然后一脸苦闷地来问你，我以后要怎么办，我的未来怎么办。

例如：“都快高考了，但是我的成绩依旧不上不下的，我该怎么办？考不上一个好的大学，工作怎么办？未来怎么办？”

“我都毕业好几年了，但是业绩一直不突出，各方面都很平平，我好迷茫啊，很怕自己 10 年以后依旧一事无成。”

“我喜欢上一个男生，我感觉自己不够好，但是又放不下他，我该怎么办？我以后会不会因为他孤苦一生？”

每每想到这样的问题，我都会渐渐地陷入一个暗黑的深渊，尽管拼尽全力的声嘶力竭，都不能给他们一个最为合适的答案。

因为他们都走进了一个成长的误区，他们以为未来是想出来的而不是一步一步走出来的。他们用天马行空的思想放大了未来的恐惧，从而变得自信全无，怯弱横行。时间久了，就陷入了一个死胡同，别人进不去，自己也出不来。

但事实上，饭要一口一口吃，路要一步步走。你不能总是一厢情愿地在自己面前铺开一张大大的白纸，随意地在上面勾勒关于未来的美好蓝图,然后整日望着那一栋又一栋富丽的古堡和花园,痴迷,发呆。

可是，即便你坐在画纸前虔诚祈祷，夜夜祈盼，如果不挪动脚下的任何一块砖，那这个所谓的城堡不过是你在黑夜里做的一场酣畅淋漓的梦，且这场梦总会在黎明到来前苏醒。

于是，你开始怀疑人生，你问自己，未来该怎么办呢？最好的答案，就是别想太多，出发就是了。因为当你决定出发，最难的就已经过去了。

03

不只是他们，我自己又何尝没有遇到过这样的问题呢。

其实，当事情真正过去，自己成为自己的“过来人”以后，就会懂得，真正让人感到恐惧的，不过是恐惧本身罢了。

想起前些年我刚开始实习的时候，当时在一家外企的销售部做编辑，那时候的我，是一个连传真机都不会用的新人。我在工作中，最常做的一件事就是，提问，不断地提问。

无论自己懂还是不懂，都要不厌其烦地去问一问，这样一来，虽然工作质量有了保障，但是效率却很低下，经常加班不说，还总要麻烦同事。这样的我看起来很忙很累，但是毫无效率，而我本身也毫无进步。

直到有一天，我们部门主管语重心长地跟我说："你现在还小，不懂就问是好事，但是在问之前，你为什么不尝试着先去做呢？其实有些东西你可以独立完成的，你不能因为害怕犯错，就不敢去尝试，这样就失去了很多成长的机会。"

于是，我便鼓起勇气尝试着独立行走，从一件一件小事做起，实在不会就将自己的得失和想法记下来，有针对性地去向同事请教，这样一来，不仅效率提高了，整个人也变得自信了。

然后我就发现，其实很多事情远不像我想象的那么难，我只是害怕犯错从而变得束手束脚，而真正迎难而上的时候，就会发现所有的恐惧都是自己亲手糊的纸老虎而已。

想起前些年看《爱情公寓》，里面有一幕是这样的：

陆展博迫切地想知道楼顶对面的那个房间里究竟有什么，时隔多年他依旧没有鼓起勇气跨出那一步。但是那个房间，却随着时间的增长越发地有吸引力。直到某一天，他放下所有顾虑，纵身一跃，才发现那个所谓的恐惧，不过是来自于自己的内心而已。

即使最后得知那个吸引了他很多年的房间，不过是一个废弃的扫帚间，但是他内心的那个栅栏，却永远地跨过去了。

其实我们每个人，都曾遇到过这样的一个扫帚间。我们不知道它是怎样的，但正是这些未知给了我们无限遐想的空间，渐渐地，它在我们心中的形象变得神秘而伟岸，而我们却变得越来越弱小。于是，面对未知，我们恐惧了，怯弱了，退缩了，最后也遗憾地失去了。

追根究底，我们并不是输给了未知的恐惧，而是输给了自己。

04

杨绛先生曾经对一位读者说："你主要的问题就是想得太多，做得太少。"

我一直将这句话记在心里，时刻提醒自己，谁都在青春时杞人忧天过，但到头来就会发现，不过是自己想多了。但正是这样一个多想的过程，造就了我们无比真实和完整的青春。

你是这样，我也是这样，其实我们都一样。

我常常说，人生是一场修行，我们所走过的每一条路，每一寸苦，都会照亮我们前行的路。

但是我现在觉得，人生更像是一条河，每一个年龄段都是一个支流，无论它曾经多么曲折，最终都要汇总。

而一旦汇总，支流里那些磕磕碰碰，便会被浪花日益冲散。你或许不会忘记，但是你会离它越来越远，因为你总要前行。

所以，不要想太多，未来不是想出来的，而是走出来的。过好当下的每一天，不辜负每一个阶段里那个勇敢前行的自己，就是我们所能给自己的最好的奖赏了。

05

如果说，人生是一条没有回程的列车，那么年轻时期的岁月就是途中刮起的一阵狂风。它一路推搡着我们踉踉跄跄地前行，尚且来不及回头，眼前便已是另一番风景，虽不温柔，但却深刻。

那么，从现在开始，我们谨慎地选择自己的生活吧。

静下心来，倾听来自远方的呼唤，你便会发现，你早已无暇顾及过去，因为未来正在轰轰烈烈地赶来。

每个人来到这世上的机会只有一次，虽不能奢求事事尽如人意，但只要学会换个角度与世界相处，就总会与意想不到的惊喜不期而遇。而犯错也是一样的，不要总是觉得犯错是件坏事，换个角度来看，不正是犯错促成了成长吗？

所以，不要因为害怕前路凶险就不敢出发，没有人有资格可以剥夺你成长的机会，而你同样也没有资格逃避成长。

只要当下所走的路和所做的事，是你喜欢或者是认为值得的，只要你的内心是欢喜的，精神是充实的，那就勇敢地走下去吧。不要在乎别人怎么说，也不要去想未来会如何，尽管勇敢地出发就好了。只要出发了，最难的就已经过去了。

很多年以后再回首，你就会发现，那个换上盔甲英姿飒爽犹酣战的自己，真的好美。

你迟早会买得起房的

01

晚上，跟朋友去看电影，在商场一楼的售楼处，注意力被一对情侣吸引住了，原本想直接走开的，但那个男生的话让我特别感慨。

当时女生满怀憧憬地趴在玻璃窗上看那些房子的模型，一边看一边跟旁边的男生说："将来我们就买一栋这样的户型吧，我好喜欢那个大大的阳台，到时候我们可以种很多花，还可以放一个秋千。"

她满脸欢喜的样子写满了对未来的期待，男生宠溺地揉了一下她的头，说："好啊，我们以后就买你喜欢的，虽然现在买不起，但迟早会买得起的。"

是啊，迟早会买得起的，都还那么年轻，有什么好怕的呢。

男生说完，女生开心地笑了笑，拉着男生的手走开了，我留在原地，想起了曾经遇到过的另一对情侣。

当时是周末，我去闺蜜那儿住了两天，那是一栋年代很久的老式小区，看上去很破旧，没有电梯。记得我曾经问闺蜜，为什么偏偏要住在这里？她说，这栋小区虽然旧是旧了些，但周边的设施还算齐全，出行也方便，最主要是这里有别的地方没有的人间烟火味。

当时我没太懂，直到那天晚上，听到从隔壁传来的争吵声。

隔壁住着一对情侣，之前听闺蜜提到过，打过几次照面，还在圣诞节的时候一起吃了顿火锅。都是二十几岁的同龄人，自然很有话题。女生是自己开服装店的，今年的效益一直都不太好，男生好像在一家外贸公司做销售，底薪不高，全靠提成，压力自然很大。

情侣之间发生口角是正常的，但这么大动静，难免让人担心。

一开始只是大声地争吵而已，他们互相埋怨对方，谁也不肯服软，后来听到玻璃杯碎掉的声音。然后女生哭了，很惨烈地大声吼了一声："既然都这样了，那我活着还有什么意义？信不信我死给你看！"

男生明显吓坏了，声音颤抖着说："对不起，老婆，我错了，你别冲动好吗？我以后不骂你了，我们不吵了好吗？我们不吵了。"

女生依旧哭，最后听到玻璃被扔到地下的声音，我们着急地去敲门，生怕出什么大事，关切地问他们怎么了，需不需要帮助？

开门的是男生，他礼貌地请我们进来，满脸歉意地说："不好意思啊，吵到你们休息了。我们家水管坏了，流得到处都是水，加上工作上也不顺心，就吵了几句。"

听他说完，闺蜜帮忙联系了物业，我坐在沙发上试图陪女生聊天，她状态明显稳定了很多，只是眼睛又红又肿。

看女生安静下来了，男生便对我们说：我下楼买份水饺，帮她煮夜宵，你们先陪陪她。

之后便下楼了。

女生一开始很沉默，后来就哭了，眼泪唰唰往下掉。

原来，她的奶奶病重了，奶奶一直在说，希望去世前看着她出嫁。但是以他们现在的条件根本就买不起房，甚至连租房都是问题。住在现在这个地方，没有一天心情是好的，平常工作已经很累了，回来以后还要收拾各种残局，今天这个坏了，明天那个不能用了，活着一点盼头都没有，有时候真的很想去死。

我握着她的手臂，拿纸巾帮她擦泪，跟她说：“你们迟早会买得起房的。”

她轻轻地笑了一下，说：“是啊，迟早会买得起的，所以没关系，我愿意跟他一起努力。再说了，未来也不是忧虑出来的，而是做出来的。”

听她说完，我忽然被触动了，更确切地说，是感动。

为这样一段纯粹又坚定的爱情，更是为这种坚信未来的信念。即使现在的他们暂时做不到，但从女生的眼睛里，我相信她迟早可以，因为我不仅看到了她的倔强、坚韧、不服软，还看到了眼界和格局。

试想现在二十几岁的年轻人，哪一个不是一边热爱生活，一边又不想活了呢？

表面上激情昂扬地加班，背地里不知道偷偷抹了多少眼泪。年龄越来越大，生活的压力也越来越大，与此同时，同比上涨的不是自己的收入和成就，而是越来越高的房价。时间久了，每天早上起床，看到的不再是希望，而是焦虑和怀疑。

怀疑自己在这偌大的城市里，或许努力一辈子，都不可能买得起一套房。毕竟有些人只是活着，就已经需要拼尽全力了，在物质基础尚未牢靠之前，又有什么筹码去谈精神需求呢？简直就是奢望。

但即便如此，有些人依旧在拼尽全力地创造属于自己的未来，即使看上去很遥远，但已经在路上了，只要出发，最难的就已经过去了。

因为行动、踏实和坚持，本身就是一种成功。

要知道，并不是谁都可以轻易地做到这三点。有些人在受挫之后，迫于生活的种种压力，选择走一条险而抖的捷径。我有一个从小玩到大的男性朋友就是活生生的例子。

02

他谈了一个富二代女朋友，是在酒吧认识的，他并不爱她，但他爱她的钱。

跟她在一起以后，自然是不缺钱花了，女生把他安排到了自己家的公司，前途一片光明。她甚至答应他，将来结婚的时候可以让她爸送一套房子，转到他的名下。

可即便如此，他依旧不开心。他缺少的是一种底气和尊严。

另外，他始终忘不掉前女友，毕竟从高中到大学到毕业，将近7年的感情，说放下谈何容易呢？但没办法，只是有爱是不够的，学生时代只要相互喜欢就可以在一起，但步入社会以后说爱的条件就大了，人也变得现实了。

因为没有钱，他们一次次地为了琐事争吵，甚至不惜大打出手。

女生是农村的，有两个弟弟，父母年迈，经常生病。他原本想努力几年，付个首付把女生娶回家的，但在一起越久越发现，她们家就是一个填不满的坑，无论挣多少钱，都远远不够。

他很爱那个女生，但是爱不起她们全家。

他很累，再加上那段时间自己创业失败，四处碰壁看不到任何希望。于是，在酒吧喝酒的时候，认识了那个富二代的女生，火速在一起了。

跟前女友分开是必然的，但放不下也是必然的。人可以输给现实，但不能输给自己的心。所以，兜兜转转大半年，他还是选择跟富二代的女朋友分手，找回了前女友。他想清楚了，即使前路漫漫，也要一起携手向前。

他明白，富二代女朋友说到底不过是他试图走的一个捷径，但现实生活中哪里有那么多捷径可走呢？

天上掉馅饼的事情始终不存在，当你翻过一座山，并不一定看到海，可能会是一座更大的山。但没关系，只要往前走，就总会过去。

大概是失去过，所以才更懂得珍惜吧。复合以后的他们恩爱了很多，两个人一起努力，相互扶持，他们的创业小公司也越来越有起色。

经济问题缓和了，很多问题就迎刃而解了。

毕竟以金钱为基础的感情，就像是握在手里的一捧沙，越是想要抓紧，就越是容易失去，当它把你逼到不能自已的时候，它就消失了。

始于金钱的爱情不是爱情，始于爱的爱情却能创造金钱。如果说眼前的困难是一座山，那彼此的支持和鼓励就是登山的天梯，相互责怪和争吵只会自拆台面，唯有爱才能化为动力，将困难一步步扛过去。

你迟早会买得起房的，这不只是一个决心，更是对未来的美好期望以及给自己满满的底气。

有时候，这世界缺的并不是坚持，而是能坚持下去的信念。

03

我敬佩每一个能靠自己的努力给自己买一栋房子的人，因为买到的不只是房子，更是一份立足于世的安全感。

特别是女生，是能力的证明，更是给自己最好的馈赠。

我见过最美的姑娘就是野心勃勃，一心向上的模样，朋友小曼就是这样。她原本是在北京一家广告公司做设计师，但她从不满足于做一个设计师，她一步步从底层往上爬，凡事力争最优。设计方案别人做 5 个就已经满腹牢骚了，她可以做到 10 个，直到客户满意为主。

该熬的夜也熬了，该加的班也加了，成绩有了，口碑有了，声望有了，升职加薪自然也就有了。

如果世上有奇迹，那一定是努力披上的外衣。在她稳扎稳打，步步为营的工作作风之下，在做设计的第三年就被猎头公司挖走，直接升为设计总监。

她给自己 28 岁的生日礼物，就是一栋房子。

虽然只是付了首付，虽然未来还有很多未知的风险，但这都没有关系。

这是岁月赋予的，也是自己一步步争取的，当你住在自己买的房子里，当你开着自己的车，背着爱马仕最新款的包包，你就知道这段时间给了你什么，而你又在时间里，得到了什么，失去了什么。

你总会知道的，只要你不再去空想，而是努力去做；只要你用坚定代替焦虑，用行动代替迷茫；只要这一刻，你相信努力的意义，并且愿意为之坚持。总有一天，你会得到自己全部想要得到的。

不可避免的，在此期间，你可能会遇到各种挫折，但一定要记得换个角度去思考，要知道，每一次挫折，都是一次变得更好的机会，挫折出现时，它只是在告诉我们，你哪里做得还不够好，下次需要如何去改进，才会变得更好。

毕竟懂得坚持的姑娘，本身就自带光芒。

就像你坚持相信自己迟早会买得起房，而你真的买得起房了。我也一样，我们都一样。

越没本事，
越要面子

01

我有一个发小，他从小特别好动，思维开阔，喜欢玩各种网络游戏。不仅如此，他还一步一步策划着如何去创业，誓要开发一款属于自己的游戏。他把这个想法种在心里，付诸在行动里。

但是，梦想的种子还没发芽的时候险些被溺死。

原因是家里人觉得他做的不是正经事，拿不出手，说出去没面子，于是就三番两次地加以阻挠。没办法，父母年纪大了，他不想让他们伤心，于是做出让步，答应两年内如果没有做出成绩，就听从他们的安排去考公务员，找一份稳定的工作。

如今，两年已经过去了一年，一切都朝着他想要的方向发展。他每一天都是热血沸腾并且满怀期待，很累，很辛苦，找投资的时候甚至会被羞辱。

但没关系，他说一切都值得，既然选择了就不会退缩。而且到了现在这一步，最大的收获就是更加清楚自己想要的究竟是什么了，这种成就感，千金不换。

这一切都被父母看在眼里，疼在心里。他们最终决定妥协，不再逼他了。其实，说到底，孩子的快乐，才是最重要的。

他被感动得险些落泪。

想起 2016 年 8 月份的一则新闻，说的是一个年轻人，为了摆阔，先后买了 11 辆豪车，借了高利贷 3000 多万。且不管最后的结局如何，就只是表面的数字，就足够我们深思。

在他眼里，“面子”应该是无价的。一个将表面的虚荣看作生命里重中之重的人，往往都是没有本事的人，因为越没本事，才会越好面子。

“面子”从来都不是别人给的，而是自己给的，相比于表面的虚荣，我更希望我们能脚踏实地地去努力，就像我那个高中同学一样，用行动去证明，比什么都拿得出手。

我们终将会明白，只有自身过硬的底气所带来的自信，才能让我们光彩照人，也唯有如此，心里才会真的踏实。

02

中国有句古话说：“死要面子活受罪。”很多人做事，面子都是排在第一位的，丢什么都行，但绝对不能丢面子。

可是面子终究是虚无的，自身的幸福才是真实的，如果因为一时的面子而做了让自己后悔的事，那才是真正的得不偿失。

这种事情不只是体现在工作上，更体验在婚姻上。

我一个朋友，前些天对她的妈妈发了脾气，尽管她知道这很不对，尽管知道事后一定会后悔。

已经不知道这是第几次了，她反复跟家里人说，不要着急，弟弟还小，他才 19 岁而已，不要急着给他安排相亲，不要逼着他找对象，婚姻是一辈子的事，怎么能这么儿戏呢？

但没办法，怎么都说不通。

甚至还被反驳说：“我们像他这么大的时候，孩子都出生了，你看邻居家的那谁谁谁，不是跟他一样大，人家早就成家了。再不找对象，会被别人笑话的。”

行，这么说也确实是，老家确实有很多年轻人早早就结婚了，但然后呢？日子过得如何？除了自己，谁会在意？

婚姻不是随便找个人，热热闹闹地搞个仪式，让亲朋好友看看，自己挺有面子，然后目的就达到了，人生就圆满了。婚姻可是一辈子的大事，婚后是否幸福，只有自己心里清楚。

老实讲，我不知道“面子”对于一个人来说究竟有多重要，但我能确定的是，死要面子，真的会毁一辈子。

03

之所以这么说，是因为我亲身经历过。

我有一个关系特别好的哥们儿，跟女朋友在一起整整 8 年，从初三开始到大学毕业，眼看着就要修成正果了，却被他妈一棒子打散了。

原因很粗暴，因为女孩子的两眉之间有一颗小小的痣，被说成“破财痣”，婚后会破坏老公的事业，这种克夫的女人，不能要。

最重要的是，带出去没面子。如果人人都知道自己的儿子娶了一个克夫的女人，那岂不是要在背后说闲话？

简直不可理喻。他气坏了，直接跟他妈说：“我不信这些，我不管你怎样，这个女人，我娶定了！”

“你有出息了，硬气了是吧，行，我让你看看谁更硬气。”

于是，他妈当着他们俩的面，吞了一包老鼠药。吓得女孩当时就哭了，一边冒冷汗一边打 110。最后，他妈的命抢救回来了，而女朋友则成了“前女友”。

为这个事，他差点抑郁到自杀，但没有一点办法，那可是亲妈。

亲妈毕竟是亲妈，事后不久，便找人安排了相亲。对方是镇上的一名幼儿教师，比他大两岁，看上去温婉大方，符合他妈的儿媳形象。

他妈说：“这样的女人可比你在外面找的好多了，你看人家，端庄，工作体面，带出去也有面子。”

接下来，下聘，闪婚。

他妈乐得合不拢嘴，可是这哥们儿，却跟丢了魂一样，再也没有见他笑过，过日子也成了例行公事，对未来再也没了期待。

心酸，但更多的是凄凉，与其说他输给了母亲所谓的“面子”，倒不如说他的一生都被“面子”毁掉了。

把“面子”置顶，就等于把别人的看法放在了第一位，等于把自己的人生拱手让人。过得好不好不重要，重要的是看起来很好，看起来体面，这就够了。

找不到自我的人可悲吗？不，明明知道自我的追求却又因外在的虚荣而失去，才是真正的悲哀所在。

04

小时候有这么一个故事，一直记到现在，讲的是一只很注意自己形象的百岁老海龟。

这只老海龟平时特别喜欢跟小海龟们聊天，讲述他遇险时的英勇事迹，小海龟们都很崇拜他。

一天，老海龟见几只小海龟在大石头上玩，就想爬上去再讲讲他的历险记，却怎么也爬不上去。小海龟们想要拉他一把，却被他拒绝了。

老海龟想，自己是大名鼎鼎的百岁老海龟，如果让小海龟帮忙，岂不大失面子？于是笑着说：“刚才我只是先活动活动四肢，等会儿再爬上去。”

稍作休息后，老海龟使出浑身的力气向大石头猛冲过去，却因用力过猛失去重心，四脚朝天跌倒在沙滩上。

小海龟们大吃一惊，要去帮他把身体翻转过来。

但老海龟却故作轻松地对小海龟们说，自己是为了胸部能晒到阳光，而故意仰面朝天躺着的。

等到小海龟们游到别处去了，老海龟这才舞动四肢想把身体翻转过来，可无论怎么努力，都翻不过来。最后被几个路过的渔民抓了回去。

直到被抓，老海龟还在自我安慰：“还好，自己被抓时的狼狈相没有让小海龟们看到，总算没有在他们面前失面子……”

05

纵观我们身边，“老海龟们”的身影随处可见。

把钱借给朋友，怕失了面子，不好意思去要，宁愿自己拮据地生活着；犯了错不敢主动承认，怕没有面子，一直拖着，直到一段关系走向终结；不肯屈身自己去做不体面的工作，又不愿意去努力，于是一直撑着，直到过得一天不如一天；喜欢一个女孩子，不敢去表白，怕被拒绝没面子，直到另一个男生牵起了她的手……

因所谓的“面子”而险些毁了自己的例子数不胜数。物质时代，人人都在追求自尊，想要得到别人的尊重，这本身并没有错，但如果只是追求表面的虚荣，那人活着，便无异于一具躯壳。

印象最深的就是初二的一个男同学，他平常并不显眼，但有一次过生日，直接宴请了全班，很阔气，很有面子，连班主任都对他高看一眼，家境好，大方。

但我们事后才知道，他在外面借了很多钱，他的家境并没有我们以为的那么好，父母都是普通人，他的举动，全部源于自卑。

我那时候一直不懂，为什么会有人这么傻。

直到长大后才知道：原来，人活着，不只是随心就可以的，有时候也会身不由己，会需要表面的虚荣来满足贫瘠的自尊心，以及达到某种特定的目的。

那什么样的人才会执着于这种“面子”呢？答案一定是没有真本事的人。

因为这种“面子”始终都是纸糊的老虎，轻轻一捅就破了，真正的“面子”从来都无须假装，那是一种由内而外的从容，而这种从容，来自于实力。所以，相比于表面功夫，我更希望我们是实力派，只有实力派，才是真的无可取代。

说到底，日子始终是自己的，与他人无关。

无论到任何时候，日益精进自己总是没错，无论是婚姻、工作，还是生活。

还好，
当初你坚持下来了

01

在朋友圈看到豆芽出差到我所在的城市，才忽然想起，原来我们已经有将近 5 年没见面了。

久别重逢，分外亲密，这些年彼此在生命里空缺的时光，恨不得瞬间补回去。

我看着他的西装革履，竟然有点恍惚。

他现在已经不再是当初那个跟我称兄道弟，一天到晚蹭饭吃的豆芽了，而是身价百万，人人敬重的王总。

我忍不住打趣道："你现在厉害了啊，你还是当初我爱的那个豆芽吗？"

他笑了，良久，慢慢地吐出一句话："还好我当初坚持下来了。"

只是简单的 10 个字，瞬间便击中了我的内心。那些不为人知的心酸瞬间浮现在眼前。

02

现在的豆芽有多沉稳，当初就有多难。

他的父亲因为投资失败，欠了一大笔钱，公司直接倒闭。母亲心脏病复发，没有撑过那年年末。而他从高中便在一起的女朋友忽然说喜欢上了别人，最后选择了分手。

那段时间，豆芽体会到了从天堂坠入地狱的绝望，好几次都差点从楼顶跳下去，但他不能。

因为母亲临终前唯一的遗愿，就是要他好好的。

后来，他在亲戚朋友的帮助下，开了一家咖啡店，每天咬牙坚持，学会了抽烟和喝酒，总是一边喝一边告诉自己，我可以挺过去。

再后来，他卖掉了那家店，跟着叔叔去了新疆。从那以后，我们便失去了联系。

听说，他跟着叔叔做起了大生意，现在变得很厉害了。

看来我听说的都是真的。

我问他，你是怎么坚持下来的？

他说，每次遇到困难我都会想起当初母亲去世时的那段暗无天日的日子，觉得所有的悲惨跟那时候比起来都不算什么，既然那么难我都能扛过去，还有什么是不能扛的呢？

如果一个人连死都不怕，就不会再怕活着了。

我叹了一口气，止不住地心疼。他接着说："现在已经过去了，但那段黑暗无助的日子我永远都不会忘记，虽然说没有那段经历就没有现在的我，但我依然不觉得苦难应该感激。"

我深表认同，苦难从来不值得感激，值得感激的应该是那个了不起的自己。

03

有着相似经历的，还有我的一位读者。

2006 年的时候，她在一个并不发达的省会城市做销售，薪水虽然不高，但至少可以勉强度日。

但后来，她忽然被辞退了。失去工作以后，她连哭的时间都没有，便开始铺天盖地地投简历，只是很不幸，最终都石沉大海。

与此同时，男朋友被家里逼着回去相亲，与她分手。

当时，一大堆缴费单铺在面前，她不想让爸妈担心，回家以后装作若无其事的样子，强颜欢笑的脸比哭都难看。

而最疼她的外婆去世后，她亲手拔掉气管插管，强忍着没哭出来。离开医院以后，她一个人走在回家的路上，一阵寒风吹过，眼泪再也忍不住了。

失业加失恋再加亲人去世，还有什么比这更惨？

“还好你当初坚持下来了。”我颇有感慨地跟她说。

是啊，后来她在朋友的介绍下，重新拾起了自己的文字梦，到一家媒体公司做起了网站的运营和编辑，很快便做得风生水起。

现在的她，已经成了叱咤风云的大主编，早已没了当初的青涩。可每当她想起那些曾以为自己快要过不下去的日子，依旧历历在目，无论过多久，都始终忘不掉。

因为曾经那些不为人知的咬牙坚持，如今都变成了遇事处变不惊的气质，这种气质见证了她所受的苦难，藏在笃定的笑意里，成全她如今无比骄傲的成绩。

我始终相信，努力的意义就在于始终相信并且坚持下去。

而坚持的意义，就是让你知道，你迟早会跟那个了不起的自己，不期而遇。

04

这几天，朋友小敏一直跟我住一起，一心扑在专升本的考试上。

刚开始我很不理解，就问她："你都毕业那么久了，为什么还在坚持呢？以你现在的专业技能和工作能力，无论是升职加薪还是跳槽，明明都不成问题。"

她头也不抬地看着书，慢悠悠地回复我说：

"以我现在的工作来看的话，我确实不再需要这样一个学历证明了，但我心里一直有个执念，我觉得我值得更好的，这一切的坚持，迟早会有意义。"

其实，在我眼里，她真的比我们同龄人优秀很多。

如果当初不是因为家庭条件的原因，她不会被迫选择读一个本省的专科，以她的成绩，去心仪已久的北京不是问题。

可她不后悔。她说每一个选择都会有得有失，既来之则安之，只要过好当下，未来就一直握在自己的手里。

这话绝对不是说说而已，说出来你可能不信，她现在已经是一家外贸公司的销售主管了，而升到这一职位她仅用了不到一年的时间。

有些不明真相的人，难免会对她恶意揣测，但她从不解释，还是那句话，在以结果为导向的职场里，只有做出成绩才能让流言蜚语不攻自破。

她从来不相信有什么运气一说，如果真有运气，也不过是化了妆的努力。没人知道她刚入职时吃过多少桶泡面，加过多少天班，熬过多少个夜晚，他们只知道，她年纪轻轻就卓有成就，一定是个很有手段的人。

她也的确挺有手段的，她的手段就体现在不跟那样一群恶意揣测的人为伍，不动声色，向上生长。

她坚持升本，并不是因为她认为学历比能力重要，而是她知道自己可以在这种努力里发现更好的自己，这种更好，就是人生的可能性。

如果说每一分努力和坚持都有其特定的意义，那最动人的莫过于，它使我们更接近那个想要的以及更好的自己。

哪怕结果不尽如人意也无妨，因为在此过程中，我们已经和那个更好的自己，并肩前行。

还好你坚持下来了。

还好我们都坚持下来了。

每一个普通的改变，
都将改变普通

01

当熬夜成为我们的一种习惯，早起就变得越来越困难。

记得上周一，室友一下班就开始跟我抱怨："今天又迟到了，这个月已经是第三次了，全勤奖想都不用想，不扣钱就算好的了。"

我问她："那你为什么不早点起床呢？哪怕5分钟也是好的，这样就不用那么火急火燎地赶车了。"

她沮丧地说："我也想啊，但做不到，晚睡已经成习惯了，不玩手机全身都难受，一玩就玩到凌晨。一到早上，眼睛死活睁不开，总想多睡会儿，一睡就迟到。"

这种感觉我太能体会了，曾经有无数个早晨，我也是这么挣扎着过来的。

后来怎么改掉的呢？

记得当时我在网上发了一个帖子，问大家有什么方法可以让我们早起。其中有一个网友留言说："你可以尝试着在睡觉前列出第二天要做的事，想着明天有很多事做，你就不会睡那么沉了。"

我当时抱着怀疑的态度尝试了一下，还真有用。其实我一直都有

做计划的习惯，但并没有把此当作生活中的一种仪式感，只是为了让工作变得有条理而已。但当我真的那么做的时候，瞬间就有了一种使命感。

按照自己列出的计划去挨个实行，起床，洗漱，吃早餐等等，当某一天比平常早起了几分钟，就会觉得今天一天都赚到了。

时间就是在这样一点一点的成就感中，发挥出它的价值。当我们学会了与时间和解，便也学会了与自己和解。

内在的自己就像一个小孩，当生活充满仪式感，身边的一切都会变得神圣起来。我们不敢再怠慢，不敢再拖延，生怕惊动了那个正在逐渐变得优秀的内在的自己。

早起 5 分钟，虽然这只是一个很普通的改变。但时间长了，我们就会发现，这个普通的改变会彻底地改变我们的生活，因为早起的这 5 分钟一旦养成习惯，这个习惯将会使我们一生受用。

人生就是在这种普通的改变里日益变得好起来的，只要你肯用心，生活无论何时都不会负你。

02

不知道你发现了没有，当我们不能合理分配自己的时间的时候，无论是工作还是生活，都会处处充满一种无形的压迫感，时间上一旦不自由，精神就像被绑架了一样。

这种绑架往往体现在细微的情绪上。比如，当你赶在最后一秒冲进公司打卡的时候，即使没有迟到，心里也会一直紧张。那种没有迟到的小确幸并不能给你带来精神上的安慰，因为你知道这只是一次侥幸，只是暂时的，如果自己不能从根本上做出改变，以后会一直被迟到的恐惧感压迫着。

当你争分夺秒地跟时间赛跑，你们就成了敌人。你总是在赶时间，又怎么能让时间发挥出应有的价值呢？

久而久之，你甚至会变得厌倦起来，觉得这样生活太累了，做一份不怎样的工作，领一份不痛不痒的薪水，活着有什么意义？

于是，你开始怀疑自己。现在比我年轻的人都比我有钱，比我有钱的人还比我努力，那我努力还有什么用呢？我就是一个普通人，平庸才是普通人的特质，我就活该平庸，也活该穷。

越想越沮丧，一旦开始沮丧，工作上就会开始拖延，做事就会没有效率，生活就会没有情趣，整个儿就像一摊死水一样。

偶尔你也会跟自己说，不行，我一定要改变，不能再这样颓废了。从明天开始，不再熬夜，早点起床，好好吃早餐，好好工作。

有了这种想法，就是变好的第一步，因为你已经意识到了自己的问题并且想从根本上改变它。但如果这一步只是三分钟热度，那以后的日子，只会变得更加沮丧起来。

毕竟，做了以后没有成效比没有做，更让人有挫败感。

我发出帖子后不久，有一个读者留言说，她的改变是从早起 5 分钟叠被和收拾房间开始的。

上班之前看一眼干净整洁的房间，就会满心舒畅地跟自己说："今天要最大效率地完成工作，准时下班回到自己的小窝，它们都在等你，等一个更好的你。"

收拾房间本就是一件小事，但是当她把一件小事当成一种使命来做，生活就忽然变得特别鲜活。原来，内在的自我是那么容易满足，只要你稍稍用心，原本的沮丧和枯燥，都会一扫而光。

我们人啊，最终都是要学着跟自己做朋友的，只有跟自己和解，才能更好地融入这个世界。不要小看每一个普通的改变，那是一种变得更好的潜在的可能性，当你真的去做了，你才会懂得，只有有使命感的去生活，才会收获超出预期的成就感。

这种成就感，就是使原本枯燥的生活变得更好的关键。

03

人有惰性，难免就会拖延，原本只是一件特别小的事，动动手就能完成，但偏偏要拖很久。

我有一个朋友就是这样，她的上司安排她下周一之前交上去一份部门讨论过后的新版本的策划案，她答应得好好的，但始终没做。

具体的内容已经在开会的时候标注清楚了，只需要更新进去就行了，但她偏偏不去做，玩会游戏，逛逛淘宝，等着下班。

总是想着，一件小事，着什么急呢。

是啊，小事不用着急，但小事不去做就成了大事。果然，她周末约了男朋友出去逛街，工作的事很快就抛在脑后了，周一上班，被经理狠批了一顿，这不是能力的问题，而是态度的问题。

她也很苦恼，但总也说服不了自己。其实，很多人都跟她一样，不是紧急的事就不上心，总觉得时间还很多，等等再做也不迟。

等等再做是等到什么时候呢？没有人知道。拖延症的本质也不过是对工作或者生活没有敬畏感罢了。当你开始拖延，堕落就随之上线，没了激情，没了执行力，对工作和生活又怎会热爱呢？

这一切一旦形成恶性循环，我们的精神就会不断地被时间所绑架，一切都变得乱了起来，生活没有了条理，工作总也做不完，加班，心烦，厌倦……

问题的根源出在哪里呢？如果有事立即着手去做，不给自己找任何借口，结果会不会就变得不再一样？说到底，不过是因为你把自己惯坏了。

你总是那么容易放过自己，那么容易就为自己开脱，吃不了一点苦。要知道，精神上的骄纵迟早会毁掉我们的工作和生活，你可以惯着自己，但这个世界不会。

那么，从这一刻开始改变吧。

拒绝熬夜，坚持早起；拒绝拖延，坚持一切本可以坚持的好习惯。对遇到的一切人和事都充满敬畏心，有仪式感和使命感，认真地去面对，渐渐地，你就会发现，生活本就不像我们所想的那么遭，我们也没有想象中的那么不好。

相反，生活比想象的要美好得多，我们也一样。

我们虽是普通人，但普通的改变会改变普通。从决心变得更好的那一刻开始，我们就将与更好的自己不期而遇。

你做的每一件傻事，都不会浪费

01

有些人的傻大概是天生的，但傻到不听也不看的程度绝对不正常。

但我比这个“傻姑娘”更不正常，因为我爱上了她的傻。

她是今天我要说的主人公，我的大学同学小慧。

如果在地铁里或者火车站里，有人向你借钱说自己没钱回家，能不能借个十几二十块的，你会给吗？

先不管给不给，正常人至少会犹豫一下吧，但小慧从来不犹豫。每当对方话音刚落，她的钱包就已经打开了。把钱交到对方手上，还一字一句地说：“给，路上注意安全，快回家吧。”

一次两次也就算了，但总是这样，认识的人就看不下去了，这不明摆着欺负老实人吗？于是就苦口婆心地跟她说，有些是骗子，你看不出来吗？别总是那么傻，你自己挣钱多不容易。

是的，小慧家庭条件并不好，所有的学费生活费都是她的奖学金和业余兼职拼凑来的。日子虽捉襟见肘，但她对需要帮助的人依然大方。

不知道小慧被骗了多少次，有时候自己吃饭都没钱了，就一直喝水充饥。

终于还是有同学忍无可忍了。

于是就跟她说："我一大清早亲眼见到，学校前门天桥上的那个乞丐在'化妆'，把破烂衣服裹在身上，然后戴着破帽子惨兮兮地跪着，等着银两到碗里去。你不信？那明天一大早我们一起去看啊！这次我非让你死心。"

可是她却笑着说："没关系啊，我宁愿被骗也不要错过一个帮助好人的机会。万一他真的需要帮助呢，我始终相信世界上还是好人多……"

"我始终相信世界上还是好人多……"

算了，没人劝得动她，我也不劝了。

于是大家更加确信，也许她真的就是一个傻子。

02

"傻子"不是一天两天就能养成的，步入工作以后，体会得更是深刻。

小慧的脾气究竟有多好，这个我还真不知道该用什么词来形容，反正是她的工作她完成了，不是她的工作，她也完成了。

她也不抱怨，有时候周末，同事说家里临时有事，请她来帮忙加班，她二话不说就答应了，而且做得滴水不漏。

正常工作之余，她还帮老板端茶倒水拿快递，帮同事加班码字熬通宵。人人都爱她，人人都离不开她，但是人人都不重视她。

没什么大的成就，反而屡屡当替罪羊。但她从来不为自己辩解，反而经常反思自己，是不是哪里做得不够好，还有哪些需要提升的地方。

我曾跟她说："别把自己袒露在风霜雨露里任人欺负，把自己弄得满目疮痍，你到底真傻还是假傻。"

她一脸平静地回答："我们终究都是普通人啊，不管怎么努力，始终都无法改变世界，所以我只想一门心思地改变自己。

人活着，总要坚持些什么的。只是比较凑巧，我相信这世界一切的美好。哪怕世界到处都是长夜漫漫，我只想带着满满的善意一路掌灯前行。"

我心里的那根弦，被轻轻触动了一下，像一阵微风吹过，看似了无痕迹，却悄悄地改变了很多。

人生毕竟没有白走的路，只要走得足够踏实，一步一个脚印，每一步都会有每一步的价值。小慧这些年在公司没少吃苦，大小事全都一手包办，从没见她跟谁红过脸，总是笑盈盈的，并且踏实上进，老实能干。

同事总是欺负她，这事老板不是不知道。有句话怎么说来着，如果你把老板当傻子，或许你才是真正的傻吧。

所以当小慧被升为区域经理的时候，惊呆的不只是她的同事们，还有我们这些吃瓜的同学。

那天，她请大家吃饭，她父母也在。这是我第一次见她的父母，也是第一次知道了她家的事情。

知道小慧的爸妈是完全不识字的农民，是小慧升职为区域经理以后的事了。

父亲说，有一次，小慧的母亲生了重病，性命垂危，是得到了无数好心人的筹款才活下来的。所以啊，我们从小就教育小慧，要做一个好人，要懂得感恩……小慧这孩子啊，没什么坏心眼，从小就老实巴交的，还得谢谢你们这些同学帮着她呢。

父亲穿着老式的中山装，慈眉善目地笑着，看到此情此景，我不由自主地想到了小慧曾经被骗时的模样。一样如春花般温暖的笑容，靠自己势单力薄的努力溶解着这个世界满满的恶意。

忽然，我的心也被这笑容暖化了，我再也没有觉得小慧是真的傻了，反而觉得她有着感动天地的力量。

因为她既踏实又善良。

踏实就是一道用汗水砌起的墙，可以抵御外界一切风霜，这种由内而外的安全感，叫作底气，这种底气千金不换。而善良有着这世界最温暖人心的力量，是人之初，也是人一生理应坚持的信仰。

那晚我回家以后，一个人在楼顶吹了很久的风。

铺天盖地的惭愧席卷而来，整个人都陷入了极度的恐慌，原来我一直都活得那么自欺欺人。

小慧说得对，我们终究都是普通人。我们改变不了这个世界，却被这个世界一天天地改变着，日复一日，我们就成了当初自己最讨厌的那个人。

因为被骗过，就不敢相信世界上有好人了；因为被伤害过，就不敢再选择勇敢去爱了；因为曾经失败过，就不敢再站起身重新开始了。

于是，我们学着走后门、找捷径、学套路，每一步都战战兢兢，每一天都活得唯唯诺诺，最后甚至不知道自己想要的是什么。

总是给自己找各种逃避的借口，却唯独不敢承认，世界从来都容不下我们矫情的玻璃心，只是我们一直在自欺欺人。

不忘初心，方得始终。如果连本心和初衷都亵渎了，那当初何苦要出发，意义又在哪里呢？

03

其实，纵观我们身边的一切，就会发现这世上从来不乏“小慧们”，他们就是我们平常所说的“老实人”。

老实人不吃亏，这是句老话，也是过来人的经验之谈，更是职场上的一种哲学。但很多时候，工作中的这些老实又本分的行为，常常会遭到别人的嘲笑，甚至是轻蔑。

于是，我们经常会怀疑，在当下这个利益为上的时代，老实本分究竟值不值得坚守？“老实人”究竟值不值得去做？

我想说一个听来的故事。

老李与小王都是公司的司机，分别负责给不同领导开车。不同的是，老李的年龄比较大，人很沉闷，外表憨憨的，待人有礼貌，不善言语。他性格沉稳，做事不急不躁，开车也是如此。所以 10 年来，老李从未违章，未出过事故，是公司典型的老实人。

无论谁在车内谈论些什么，你不问他，他绝不会多言一句。有时候，老板让李师傅送一下其他人，无论送谁，他都会为他开门，再轻轻关上车门。

乘客下车后，他不会立马转身离开，会一直注视着你，等你消失后，再自行离开。

一次，老李师傅去机场接一名普通员工。老李师傅早早便站在车外边等候，员工到达后，帮助开门、关门，让员工享受与老板一样的待遇。

同事们都说老李傻，遇见菜鸟级的员工，至于服务那么好吗？他们又不会给你什么好处，何必作践自己呢？

而小王刚好相反，他去年刚进公司，工作的时候风风火火，雷厉风行，人聪明，能言善行，上到领导小到实习生，都可以把关系处得很好。更是因开车快而出名，公司有急事要办，第一时间就想到了小王。

大家都认为小王车开得快，节省时间，效率高，所以小王不仅出车较多，得到的赞扬也比较多。

久而久之，小王心里有些看不上老李了，认为自己在公司的地位、人气已经超过老李。于是，在一次休息时，小王一本正经地劝诫老李，要与时俱进，改变开车习惯，否则会被淘汰的。

当着大家的面，虽然小王一副玩笑的口吻，但小王高高在上、一副训诫的样子，即使老李人再老实，也能品出其中的挑衅、轻蔑与不尊重，老李回应不是，不回应也不是，差点憋出内伤。

04

职场中老李这样的“老实人”从来不在少数，说好听点是“老实人”，在背地里同事们都玩笑式地骂他们“傻子”，甚至在风气不好的单位，所有的“黑锅”都让他们来背。

反正是“老实人”嘛，老实人就是用来欺负的。

于是，大家变得越来越聪明了，每个人都在积极地比高情商，就连刚入职的新人都知道搞好人际关系有多重要。渐渐地，职场上的“傻子”变得越来越少了。

但人生哪有白走的路呢？傻人有傻福这句话一点都没错。

你一定不相信，公司里开车很快的小王，在一次交通事故中大腿粉碎性骨折，以后再也不能开车了。而老李因 10 年无违章事故，被老板相中提拔为专职司机，工资直接翻了好几倍。而那个老板正是当年他从机场接回的小员工。

在大家普遍强调高情商和人际关系的职场上，圆滑和投机取巧的人越来越多，相应的，真正愿意沉下心来，踏踏实实做事的老实人就越来越少了。

正因如此，在缺少本真的时代，有本真的本性，显得弥足珍贵，越是趋于本性的表现，越能打动人。

“小慧们”一直以来的种种“傻子”事迹和最后的成就，迟早会给我们这些自作聪明的人一个响亮的耳光。

他们的“傻”时刻提醒着我们：

人活着，永远不能忘了初心，不能放弃选择相信。相信一切美好的事物正在发生，相信所有的努力都会开花结果，相信漫漫长夜，没有人孤独前行，因为总会有人在你不知道的地方，勇敢地为你掌灯。

“相信的美好”就是你的贵人，他们就藏在你的努力里。

所以，你尽管努力吧，人生真的没有白走的路。不要试图投机取巧，如果人生真的有捷径，那一定是你纯粹的汗水和赤诚的心声。你要相信，只要一直谦逊且善良，踏实且上进，总有一天，你吃过的苦会照亮你前进的旅途。

所有你流过的泪，
都是渡你的河

01

一九九几年的河南农村，电并未普及。记忆中，晚上去奶奶家的那条路总是黑漆漆的，还有“吱吱吱”的老鼠叫声。

那时候，我妈生了弟弟，我只能去奶奶家睡。我怕老鼠，怕到哭。每次路过那条小巷总是紧紧地闭着眼睛，双手捂着耳朵，抱着头，咬牙往前冲。

而奶奶总是掌着一盏煤油灯，静静地站在门口，望着我来的方向。当我飞奔过去一头扎进她的怀里，她会摸着我的头跟我说：“念念不要害怕，奶奶替你掌着灯呢，没有鬼，也没有老鼠。”

于是，我流着泪，在她的安抚下，安然入梦。

这样的日子大概持续到小学毕业，我走了，去县城读初中。

奶奶也走了，去了天堂。

一定是因为我长大了，读初中了，不怕老鼠，也不怕鬼了，所以奶奶就不用继续掌着煤油灯站在门口等我了。

一定是这样的，每当我问妈妈“奶奶去哪儿了”的时候，她总是不说话，假装没事地背过身去，偷偷地抹眼泪。

她哭我也哭，那时我隐约知道，奶奶不会再回来了。

于是我明白了，亲人离去时我流过的泪，是一条渡我的河，使我懂得珍惜眼前人。于是告诉自己，以后无论道路多么漆黑，一定要奔进她的怀抱里，因为你知道的，她总是会在终点掌着灯，等你。

02

二零零几年的时候，还没有全球变暖。北方的冬天究竟有多冷，我耳朵上、手上、大腿上的冻疮就可以说明。

初中读住宿学校，一个月回家一次，父母外出务工，我住在姥姥家。

新学期开始时，没有人送我上学，我一个人拉着装着棉被和衣服的大麻袋，一步一步死拖着往前挪。

穷乡僻壤之地，公交车一上午只有一趟。寒风吹得路边的树枝吱吱作响，我站在雪地里，一边死命地搓手哈气跺脚，一边绝望地望着远方。

好想哭。

大雪深及膝盖，双腿冻到没有知觉。肯定是因为风太大了，又特别冷，有点睁不开眼睛，感觉干干涩涩的，于是就流出泪来。

一整个冬天，我都因双手长满冻疮而握不住笔。没有什么药膏可以治好，只有等到来年春天，天气变暖。

于是我明白了，一个人在外求学时流过的泪，是一条渡我的河，使我学会了如何在恶劣的环境里开出花来。于是我告诉自己，无论前路多么艰难，都要选择勇敢面对，勇敢地走出眼前的大山，才能跟外面的世界撞个满怀。

03

人这一生大概就像夜晚的星空吧，总会有那么几颗耀眼的星。无论你走多远，它都一直照耀着你，不说话，眼睛眨啊眨，直到黎明。

而我的高中生涯，就有这么一颗星，虽然他没有陪我到黎明。

这颗星，是我的初恋。

17岁那年，他是篮球场上挥洒着汗水的白衣少年，我是躲在教室窗口偷偷看他的无知少女。那是一个牵个手都能心跳好多天的年纪，我们躲着家长和老师，一切都小心翼翼。

懵懂又憧憬，怯弱又心动。

只是我没有想到他会突然从我的生活里抽离，我一把摔进了深不见底的谷底。

他跟着父母搬走以后，我整夜整夜地哭，哭着睡着，然后做噩梦，梦到哭着醒来。不记得那段时间是怎么走过来的，只知道长大以后的我，再提起他的名字，可以云淡风轻地笑着去诉说那段埋于心底的故事。

于是我明白了，爱一个人时所流过的泪，是一条渡我的河，使我懂得了不是所有你爱的人，只要你伸出手他就能跟你走。爱过也哭过，便是成长和收获了。毕竟现实摆在面前，我们有时不得不低头，而他离开时决绝的背影，也好似在说，我们不可能了，你不必在等。

04

大学以后来了广州，一方面想逃离那个生养我的小城，去看看外面的世界，另一方面是因为不想异地恋。

是的，我跟第二个男朋友是在高考结束以后在一起的。初恋受挫以后，我跟自己说：

“以后的人生信条就是可以失败，但是不可以有遗憾。人这一辈子总要为点什么冲动一次的，那为什么不是现在呢？”

于是我违背家人意愿，五个志愿将天南地北全填了一遍。第一志愿是广州，如果落榜了就将自己发配，这就是命运，你得信。

第二志愿是齐齐哈尔。

我是幸运的，但同时也是不幸的。虽然来了广州，但是他爸妈却无论如何都不认可我，坚决阻止我们在一起。表面上说是回族人不与汉族人通婚，但其实我心里明白，他们不过是嫌弃我是从乡下来的，又丑又没用。

但没办法，我这人也没什么优点，就是有脾气，有志气。你看不起我是吧，行，可以，总有一天，我会让你后悔，等着瞧吧。

可狠心的话不过是安慰自己罢了。

其实我在背地里偷偷地哭过、自卑过、绝望过，但是却唯独没有放弃过。

读大学这些年，我努力提升自己，最忙最累的时候一天做过三份兼职，写稿子，做翻译，做家教，甚至连 80 块钱一天的传单都不舍得放过。

我努力是为了让自己财务自由，为了给自己争口气。

终于，当我不再是那个又丑又没用的乡下丫头，世界变得温柔多了。他的父母忽然回心转意，觉得回族跟汉族通婚，也不是不可以。

于是我明白了，被人看不起时流过的泪，是一条渡我的河，使我懂得了没有谁天生高贵，也没有谁活该自卑。感谢曾经所有的看不起，因为被人看不起的时候，就是奋力突围的时候，不逼自己一把，真的不知道潜力究竟有多大。

05

如今，我毕业了。

毕业以后的我，依旧没有多大的出息，依旧是那个在大城市摸爬滚打的小城镇姑娘，依旧会因为 30 块钱的 T 恤欢呼雀跃，依旧会为了两块钱的文章打赏欣喜好多天。

是的，我终究只是一个普通的姑娘，有一个普通的家庭，有一个普通的梦想。

可那又怎么样呢？

我会在夜晚记录一整天的收获，然后带着对明天的憧憬入梦；

我会在早晨 7 点钟惊醒，梦到自己睡过了头，没有准时发公司早晨的推送；

我会在上班的公交车上，释然地看着街道被堵得水泄不通；

我会吃着并不喜欢的外卖，然后告诉自己，不要矫情，没有饿肚子就应该去感恩。

你看，日子总不全是我们喜欢的日子，但是我们却可以随时做一个喜欢的自己。没有任何事情比讨好自己更重要，更让人踏实了，无论外面晴天朗日还是乌云密布，都要将日子过得精致，无关于金钱和物质，只关于精神、心境以及个人修为。

然后，慢慢地你就会发现，越是泥泞的道路，越是容易开出花来。

因为你曾经走过的那些路，吃过的那些苦，最终都会在时光的打磨下逐渐发酵，变成营养丰富的土壤，而这种土壤，最适合花开。

06

我不是一个很好的记录者，但我比谁都喜欢回首来时的路。

但频频回头从来都不是瞻前顾后，而是我怀念这种泥泞，即使我知道昨日已然飘散，明日依旧写满未知。

我始终坚信，无论我以后是否会有大的成就，我都会感激这些曾经熬过的夜晚，曾经受过的苦难，因为它们让我离想要的自己更进一步。

而眼泪也是一样的，流的泪足够多了，就该上岸了。岸上的风景会告诉我，这一切都值得。

我始终坚信，这些看不到希望的付出，都是微弱的萤火虫，总有一天，我会将它们集合起来，装进一个大的口袋，发出光来。而你们，便会寻光而来。

然后我会拥抱你们，含着泪在你们的耳边轻轻地说：

所有你流过的泪，都是一条渡你的河。

所有你受过的苦，将照亮你前方的路。

岁月从来没有放弃过我们，我们亦不能辜负岁月。

三 如果有来生，愿做一棵树

你不必非得活得跟别人一样

01

年轻的时候总想着去改变世界，长大后才明白，连不被世界所改变都要拼劲全身的力气。

一直觉得每个人都是孤独的，生活在自己的岛上，有些人一生都不用上岸与别人纠缠。但是对于大多数人来讲，我们不得不一路被现实推搡，跌跌撞撞地行走在平凡的尘世间。

我想，大概是这个世界对我们不够包容吧，总在不经意间使我们的生活平添波澜。

是的，今天我想说的，是关于抑郁症，那些无法与自己也无法与世界和解的人。

02

2003 年 4 月 1 日，张国荣因抑郁症去世。

2016 年 9 月 16 日，乔任梁因抑郁症去世。

2017 年 2 月 24 日，任航因抑郁症去世。

……

人与人之间的感受是靠肢体和语言来完成的，而不知如何去表达的确是件令人痛苦的事。那感觉就像深陷在一个无助的梦魇里，明明有那么多的情绪，却连动都不能动。

每一个身患抑郁症的人，身上都装着一颗极其孤独的灵魂。他们无法和这个世界握手言和，便守着自己世界里那个小小的圈子惶惶度日，自己不愿出去，别人也无法进来。

而那个圈子，就是患抑郁症的人所能给自己的安全范围。

在这样的一个范围内，患抑郁症的人像一个无助的孩子般惧怕黑暗，却又因惧怕阳光而对黑暗产生依恋。于是，他成了自己最好的朋友，也是唯一的朋友。

世界上每天都有那么多因为患有抑郁症而选择离开的人，其中就有我们关心的人，但我们无法触及他们内心的世界，于是只能在他们离开以后深感悲痛和抱歉。

这种深深的无力感，真的是我们想要的吗？

摄影师任航的去世，使我们失去了这个时代最棒的艺术家。他是一个内心格外勇敢的人，在他所有的作品中，都能展现出令人叹为观止的才华和坦诚的内心。

对于这样的一个艺术家，任何人也无法要求得更多了。

任何突然发生的一件事，从来都不会是毫无缘由的横空出世。如果我们没有在源头上找到原因并着手解决，那么“突然事件”的发生便会如沸腾的湖水一般，随时泛滥。

2017 年 1 月 27 日，任航发微博说他的新年愿望是：早点死。这是一条极其严肃的微博，没有一点戏剧性，透出一股让人痛彻心扉的悲凉。

看过他作品的人都不难发现，他的作品里总会有一种世界末日即将来临的压抑。因为他特立独行，他有常人没有的思考，有常人想去做但不敢做的勇气。

很多人喜欢他，因为他只是他自己，他跟别人不一样。

但是喜欢他的人，终究只是一小部分，大部分的人终究无法接受。

因为他的作品随性、大胆、开放，被人称为“软色情”，且流露着一股哥特式的阴森。不随主流、特立独行，他总是与这个世界格格不入。

其实，放眼整个社会，类似的人又何其之多。例如，固执地追求音乐梦想的地下音乐人，每天和自己死磕的文学爱好者，以及热爱速度与激情的摩托车玩家们。

我们无法进入他们的世界，却又总是以一副高高在上的姿态，站在道德的制高点上，一味地去否定，去批判。我们总是以为自己是对的，于是就在这样的自以为是中，无形地扼杀了一个又一个名为“梦想”的鲜活的生命。

03

我们从出生开始，就被各种各样的条条框框禁锢着，被教导什么能做，什么不能做。多少自由奔放的灵魂，在这样的社会大环境中，被世俗紧紧地囚禁着。

似乎从来都没有人问过我们，真正想要的是什么。

其实，我们不想要安全，想要的是张开怀抱迎接枪林弹雨般的危险，为了自己心中那个想要的世界，背水一战。去突破，去挑战，去冒险，即使受挫，也要飞翔；即使受伤，也要疯狂。

是谁规定，人活着必须要谋生，必须要挣足够多的钱，才能过自己想要的日子？又是谁规定，所谓的成功必须是名利双收，流芳百世？

有的人想改变世界，于是他想着上天，有的人穷极一生只想改变自己，于是他立足大地。

改变自己的那个人，被称为小人物，也许他没有什么大的成就，但是在自己的世界里，他是英雄。

他无愧于自己，无愧于他人，更无愧于人生。这样的历程，何尝不是一种成功？

如果我们从一开始便懂得，每一个生命都是那么的不同，即使不理解，也依然选择尊重。那这个生命在这个世界上，或许便不会觉得自己那么格格不入，或许就不会有那么多的悲剧发生。

希望每一个人都能明白，不是必须按照既定的轨道行驶，才能看到最美的风景，也许那些无人涉足的小路，才是藏有最多惊喜的地方。

只是当我们踏上那条小路时，才希望你们给予的是认同和尊重，而不是批判和否定。因为我们也许本就不同，也没有谁应该和谁相同。

我们都很酷，希望这个世界也一样。

多少再见，
都成了旧时光里的温暖

01

那天，你拎着行李箱站在火车的另一端，猛一抬头，看到那个曾经亲密无间的朋友，你拼命地招手，一遍遍地喊着他的名字，可他始终无动于衷。

你赶紧拿起手机给他打电话，可是自从换了手机，他的号码就丢失了，于是你打开微信，搜索他的名字。

你发信息给他，欣喜地说："快抬头啊，我就在你对面，快看我！"

你兴冲冲地点击了发送，却收到一个红色的感叹号，原来，自己早就被拉黑了。

你的心一下子凉透了，就像一盆凉水从头淋到脚。你彻头彻尾地绝望。

不知怎么就变成了这样，也不知从什么时候开始没再联系，然后就从彼此的生活中彻底消失了。尽管你很难过，但难过之后，就释怀了。

原来人生的这趟火车，有人上来就有人下去。有些人刚好陪我们到这一站，而且只能陪我们到这一站，下一站就不能再陪了。每个人都有自己的路要走，你也一样，每个人都一样。

可曾经那些相互取暖的时光，或许我们一生都不会忘记。

02

原来，老师当年说过的那些关于人生的话都是真的。

毕业的时候，老师说，再看一看此时此刻陪在你们身边的这些人吧，记住这些人的名字和样子，或许一转身，一辈子都不会再见了。

对于懵懂的我们来说，当时谁会在意呢？每个人都觉得时间还很长，日子还有很多，过完今天，我们明天还是会再见，而且那张脸，看都看烦了，又怎么会忘呢。

可时间就是这么爱跟我们开玩笑。

等到我们慢慢长大后才发现，曾经看烦的那张脸，真的就这么忘记了。

我们会一天比一天没话说，渐渐地变成了“点赞之交”，后来连赞都不点了，再后来，不知谁就开启了好友验证。

我有一个朋友和我讲了她的事，她说她原本不想删除好友，但确实是没有办法。她曾经跟一个高中同学关系特别好，但对方高中毕业就嫁人生子，之后做起了微商。

当年的关系好到睡一张床，可后来渐渐地没话说了，偶尔联系一次，要么是推销自己的产品，要么是让朋友帮她推销产品，再后来，就是借钱。

朋友想着，借钱就借吧，毕竟情谊还是在的，只要我有，只要你还，借钱也不是不可以呀。

但是她的那个朋友始终没有还钱，曾经小心翼翼地催过几次，一开始对方还勉强敷衍着，到最后直接发火了。不仅在当面指责朋友小气，不理解她，看不起她，还把聊天记录发到了朋友圈，明嘲暗讽地骂她。

朋友瞬间就心寒了，于是就这样算了，想着不与这样的人计较就当是自己对别人说过的最温柔的道歉，她们的关系就到此为止了。

从那以后，她们再也没有联系过。

03

换一个角度想想，如果不是被逼无奈，或者每个人都需要更多的朋友，与自己结伴同行。

我们一路往前走，一路变化和成长，当彼此三观不同的时候，不仅做不了情侣和夫妻，甚至连朋友也不可能做成。

有时候是时间的错，有时候是我们自己的错。

之前听很多人警告过，说好朋友之间不要一起做生意，否则生意黄了，朋友也失去了。当时我特别不以为然，直到这样的事发生在自己身边，我便相信这样的话了。

这个故事的主人公，是我的一个作者朋友。他和从小一起玩到大的死党合伙开了一家饭店，但是对方总是怀疑我那个朋友吃回扣。由于当时饭店的经营效益不好，合作者的人心也比较烦躁，渐渐地，饭店就倒闭了，而且赔了十几万。

每当说起这个和他一起长大，后来一起做生意的伙伴，朋友总是特别伤感。

原来，人与人之间的信任就像一块橡皮擦一样，在一次又一次的误解中慢慢地损耗、变小，最后磨没了，人就散了。

或许，每一个拥有强大内心的人，背后都有一个让其迅速成长的人或者一段刻骨铭心的经历，只是刚好，有时候那个人是自己曾经最信任的人。

04

我曾经在网上发起过一个话题："说一说你跟曾经的好朋友是怎么疏远的？"

众多网友评论，句句扎心。其中有个网友说：所有的相遇都是命中注定，所有的别离都是生活所迫。

我一直记着，也一直愿意相信他说的这些话。相信所有的分开都是被逼无奈的，相信如果不是现实阻挠，我们会一直并肩前行。

我很喜欢《琅琊榜》里的一句话，让我感同身受，大抵也是此意：

世间有多少好朋友，他们年龄相仿，志趣相投，原本可以一辈子莫逆相交。可谁会料到旦夕惊变，从此以后，只能眼睁睁地看着天涯路远。

但是没有关系，有些人只要出现，就已经是种惊喜了，所以要感谢这个人能来，也不遗憾这人离开。

因为我们曾经在一起的那段时光，始终是今生无可替代的，这是我们所能留给彼此的最好的释怀。请务必选择一种积极的方式去看待，成年人的世界，不应该开错窗户。

不要像一个小女孩趴在窗台上一样，看窗外的人正埋葬她心爱的小狗，就忍不住泪流满面，悲恸不已。要试着打开另一扇窗，去欣赏玫瑰花园，让心情变得明朗，人生变得开阔。

毕竟，如今躺在黑名单里的人，也曾踩着七彩云朵而来，照亮过我们的世界。

我只想对这样的你说，我会习惯你开启的好友验证，不恨你，也不会再爱你，天高路远，你跟我再无任何关系。

从今天起，
不再活在别人的期待里

01

在我的家乡，像我这个年龄的女孩子大都已经结婚了，有的甚至有了孩子，唯独我，不慌也不忙。

每次过年回家，都免不了被人说闲话，还有一些热心的邻里帮忙张罗着相亲。说实话，我是很讨厌这样的，但也不好直接拒绝。

我妈也烦了，经常有人跟她说："你家念念都这么大了，还不找对象，怕是要成老姑娘了，会被人笑话的，你也不管管？"

这时候我妈总是讪讪地笑道："唉，孩子大了，翅膀硬了，我们也管不了，找对象这个事啊，还得看缘分呢。"

话是这么说，但我知道一直被人说，我妈心里肯定不舒服。

有一次，我问她："别人家的妈都很擅长逼婚，你为什么不逼我？"

她说："逼你有什么用，日子都是你自己的，我们又不能替你过，路要怎么走，都是自己的选择。你长大了，很多事我们不能左右了。"

听妈妈说完，一阵暖流涌上心头。

我庆幸爸妈对我的放养，庆幸他们的开明，但更庆幸的，是他们从小就灌输给我的这种价值观：日子是自己的，跟他人无关。无论如何，都要听从自己内心的声音。别人怎么说，都不重要，重要的是，面对自己，是否诚实。

如果一个人，连自己都不敢做，又能指望他能做得了什么呢？如果我们要将他人的看法当作自己处世的标准，那跟傀儡有何区别？

人生真正的悲哀，不是一生无所成，而是直到去世，都不知自己为何而活。

02

不只是我，我身边的朋友也格外认同这一观点。

记得今年夏天的某个傍晚，我跟朋友慕慕在出租屋的楼顶聊天，说到了中学时代的一些事。

她说，她初二的时候早恋，被班主任发现了，那是一个嗓门极大的女人，当着全班同学的面辱骂她，说她丑人多作怪，一辈子没出息。

她被请了家长，她妈妈追着打她，然后她不止在全校出名了，在全村也出名了。大家都说，谁谁家的孩子，那么小就跟人乱搞，不要脸，废物一个。

慕慕很憋屈，内心充满了怨恨，咬牙切齿地跟自己说，一定要努力，要争气，要变美变强，让看不起自己的人都去死。

慕慕是这么想的，也的确这么做了。

长大以后的她，远离家乡，在大城市里孤身追梦，事业渐渐有了起色，站稳了脚跟，她以为终于可以扬眉吐气了，终于可以让那些看不起自己的人后悔了。

可当她回到家乡，却发现大家早已忘却往日种种，礼貌地跟她寒暄着，她有点恍惚，如今这般岁月静好的模样，还是昨日刻薄的某某吗？

原来，他们当年的看不起也不过是一时情绪。没有人在意我们，就像我们没有更多的时间去在意别人一样。

毕竟日子从来都是自己的，根本与他人无关，无论自己是富甲一方，还是家徒四壁，都跟别人没有任何关系。

我们苦心孤诣地想要被人看得起。说到底不过是场孤独的独角戏。

所以，你不必非得被人看得起。世界很大，我们很小，哪怕只是做好自己，就已经要拼尽全力了。

03

我实习的时候，公司有一个比我小几岁的姑娘，负责平面设计。这姑娘向来都很在意别人对她的看法，经常因为一点小事，左思右想地睡不着觉。

曾经有一次，公司要去美国的拉斯维加斯参展，需要设计英文版的宣传单张，但她只是中专毕业，英文不好，主管就说：“你可以跟销售部的同事对接一下，让他们帮忙看看。”

就是因为这句话，这姑娘偷偷哭了好几个晚上，第二天都是眼睛红肿着上班，看起来沮丧极了。

有天姑娘问我，大家是不是都看不起她学历低，又不懂英语，是不是都嫌弃她，觉得她拖了部门的后腿。

我很惊讶，心想这姑娘的玻璃心还真是一碰就碎了。我告诉她，大家都没有看不起她，不懂就要向别人学习，做好自己的工作才是最重要的。

她不听，执拗地说："不是的，大家就是看不起我。"

眼看再说下去又要哭了，我很识趣地闭嘴了。也许有些路，只能自己一个人走，别人再怎么说都没用。等她过了这个年龄段，就会有不同的认识，那时候再回头看如今种种，又会是另一种风景。

其实，"玻璃心"不适合在职场生存，但玻璃心的背后却隐匿着人性最大的弱点，那就是自卑。玻璃心的人极度没有安全感，在世界活着的每一天，都如履薄冰，想要存在感，想证明自己，但每次一有打击，便退了回去。

姑娘跟我说，她从小就很内向，觉得自己事事不如人，青春期的时候喜欢一个男生，但被拒绝了，还说她是癞蛤蟆。

她默默地哭了很久，从此以后，更不自信了。她活着唯一的目标，就是要被人看得起，但越是努力，就越是迷失自己。

我轻轻地叹了一口气，觉得这姑娘有些许悲哀。

我们并不是为了被人看得起才来到这世上，而应该是为了做那个独一无二的真正的自己，按照自己喜欢的方式活着，无论是野心勃勃还是平淡无奇，都不过分。

毕竟，你的存在，本身就是一道独特的风景。没有第二个你，也不会有第二次相同的人生。别人都有人做了，而我们要做的，只是做好自己。

04

纵观我们身边的每一个人，大概都有一个共同认知，那就是：只有成功了才算得上不枉此生，追求平凡和稳定，就是无能的失败者。

有了这样的认识，花开的样子是否迷人，流水流过有几分心动，这些都变得不再重要了。重要的是，这朵花开能赚多少钱，这个小溪的流水，值不值得投资？

不得不承认我们活得越来越功利，我们也在这种功利里，渐渐失去了自己。

当经历了生活的起伏，才会真正懂得，大繁至简，简到极致，便是大智。

我们都曾如此渴望命运的波澜，也许到最后才发现，人生最曼妙的风景，是内心的淡定与从容；我们曾如此期盼得到外界的认可，也许到最后才知道，做好自己，整个世界或者就明亮了。

人活一辈子，不能只为了面子。

只有成功才能算得上是不枉此生吗？可即便如此，100 个人里面，对于成功也会有 100 种不同的定义。

小时候学习卞之琳的《断章》，有段话一直记到现在。

他说：你在桥上看风景，看风景的人在桥上看你，明月装饰了你的窗子，你装饰了别人的梦。

我们都放大了别人的幸福而局限了自己的可能性。不必攀比，更不必妄自菲薄，只需做好自己，便是最大的成功。

我们不必非得被所有人看得起，只要遵循自己的内心，怎样活都不过分。愿你这一生，不活在别人异样的目光里，只活给自己。

不管明天是晴天还是阴雨，都请在今晚入梦前，梳理好情绪，不要带着焦虑入睡，更不要带着自卑醒来。

你是自己人生的作者，别写得那么苦涩

01

如果说有什么事情是让朋友今生都无法释怀的，那一定是他 7 岁那年当众让母亲出丑的事。

朋友跟我说，在他很小的时候，他就是一个标准的留守儿童了。那时候父母外出务工，他常年和爷爷、奶奶生活在一起，奶奶去世以后，他彻底把自己的心封闭起来，好像这样才会有一点点安全感，既敏感又叛逆。

一九九几年的时候家里很穷，用完的作业本总要反过来当练习本再用一次。朋友的母亲虽然是一个不识字的农村妇女，却一直希望他能好好学习，将来有所成就，不再像他们一样，只能干些体力活。所以，过年时母亲回家，特意买了几个作业本送给他，作为新年的礼物。

就是那几个作业本，使他悔恨终生。

朋友记得特别清楚，当时他想要的是田字格的作业本，而母亲却买了写拼音的作业本。他很生气，脾气一下就上来了，在潜意识里更加确认母亲根本不爱他，瞬间否定了目前的一切。

于是直接在大街上，他将拼音本撕碎砸在了母亲的身上，脸上，一边砸一边吼：

“你什么都不懂，一个字都不认识，连个作业本都会买错，你有什么用？还假惺惺地买礼物送我，根本就是骗人的！我恨你！”

大街上很多人，他的母亲愣在原地很久。他骂完就跑开了，根本不知道母亲怎么回家的，只知道那晚母亲偷偷地哭了，很伤心。

那晚，朋友也哭了，或许是恨透了所处家庭的贫穷，也或许是恨透了父母的无用。总之，那一晚他很想去死，感觉人生灰暗，看不到任何希望。

02

事情距离现在已经近 20 年了，但如今提起这件事，朋友依旧不能释怀。

即使母亲早已忘记，而朋友认为自己对母亲造成的伤害却一直深深地烙在心底，就像一根刺，时间越久，越清晰，也就痛得越彻底。

于是我想，年少时做错的那些事，大概就像潦草下笔而不能修改重写的字迹吧，毕竟人生只有一次，人生的画纸也只有一张。我们在年轻的时候，总是会做出很多让自己后悔的事，有些转身就忘了，有些一生都无法释怀，只能在漫长的时光里隐藏着，偶尔想起，还会心碎一地。

那些做错的事就像画纸上的污渍，始终残缺，始终遗憾。

说到这儿，我又想起另一个朋友曾经失恋的事，特别狗血，但就是这狗血的剧情差点让她丢了性命。

听说过太多为情所困，因情自杀的事情，但是却从来没想过有一天会发生在自己身边，那感觉就像从一个梦中突然惊醒。

当时朋友在一家广告公司做策划，她的男朋友是她的部门主管，已经到了谈婚论嫁的年龄，双方也已见过家长，订过婚期。就在这个时候，她发现男朋友劈腿了公司新来的实习生，她陷入了撕心裂肺的绝望。大概因为年轻，有股拦都拦不住的冲动，她直接在办公室跟那位女生撕了起来。

令朋友没想到的是，她的男朋友，那个昨天还跟她同床共枕说着绵绵情话的男人，竟然上去护住了那位实习生，直接来了句："她怀了我的孩子，有什么事冲我来！"

她瞬间觉得重心不稳，眼冒金星，差点晕了过去。

整个公司的同事都炸开了锅，叽叽喳喳地讨论着，等着看她的笑话。失去男友又失去颜面的她，怒火中烧，一边喊一边哭着跑向公司外面的栅栏，然后二话不说就要往下跳。

当时公司所有人都吓坏了，空气凝聚，时间静止。

好在门口的那位同事麻利，一个跨步冲上去抱住了她的腰，把她连扯带拽拉了回来，然后，她就晕倒了。

时隔很多年，想起那一幕，我依旧吓到双腿发软，甚至都不敢往下想，如果当时那个男生没有拦住她，结果会怎么样。

好在现在的她已然变成一个阳光上进的姑娘，重生以后的她，整个就是脱胎换骨。她说："既然当时没死，上天就一定另有安排，以后再也没有那么容易去死了。"

她珍惜着以后的每一天，将自己的命活得格外硬。紧握着自己人生的画笔，一分一寸都不曾将就和轻易妥协，一路开挂，一路徜徉。

说到底，谁没有在青春期的时候，爱过几个人渣，做过几件傻气的事情呢？这些都不重要，重要的是我们在这些傻气里学到了什么，得到了什么。例如：勇气、珍惜、成熟等等，这些都是收获。

如何踩着这些不成熟的钢筋水泥高举自己人生的大旗，迈向更大的世界和更加宽阔的人生，才是我们重点需要考虑的事情。

谁都曾做过错事，或者做过冲动的事，这些就像曾经在本子上写错的字一样。时间不会倒流，写错的字也不能擦除。但是没关系，写错的字，不过是在练习而已，只有练习的次数足够多，写出来的字，才会足够漂亮。

03

如果年轻的时候害怕犯错，畏首畏尾，当老了以后，我们拿什么来回忆人生呢？

自己曾经所犯的错误，不过是为了给以后的人生铺更好的路。这也是我经常跟自己说的一句话。

在现实生活中，我就有过类似的经历。

记得我当初刚去外贸公司做业务员时，有一次去广交会（中国进出口商品交易会）参展，因为对产品和报价都不太熟悉，人又容易着急，所以客户多的时候忙不过来，极易报错价。

我一直都小心谨慎，但最后还是失误了，样品尺寸未再三确认，导致产品大批量生产时，全部出错。

那是跟我们公司合作很久的一个美国采购商，我当时濒临绝望，就算我直接被开除也无法弥补给公司带来的损失。

好在当时命大，有另一个客户买走了这一批恰好符合他们要求的产品，否则后果将不堪设想。

但老板并没有因此开除我，他跟我说：“如果你在这次失误中成长了，那这个错犯得就是有价值的。”

这件事给了我很大的教训，从那以后，我再也不敢粗心大意，无时无刻不在提醒自己，一丝不苟的态度在工作中有多重要。

当我摆正了态度，渐渐地发现，这次失误对于以后的发展来讲，其实是一笔不小的财富。或许在当时给我造成了不小的心理创伤，但在以后的日子里却无异于警钟长鸣，起到不可估量的正面影响。

04

很庆幸我的态度是积极的，没有在犯错以后陷入自我麻痹的漩涡，从此一蹶不振，而是选择了将错误垫到脚下，为以后所能达到的高度推波助澜。

人活一世，不是所有的事情都能如我们所愿，而我们也总会犯下很多过错，做过很多无法直视的傻事。相比于一味地自责和抱怨，更希望我们能像一个有担当的人，一个真正成熟的人，从来不会为已然过去的事情耿耿于怀，而是在未知的未来里，创造更多无限的可能。

毕竟，我们才是自己人生的作者，没必要将剧本写得那么苦涩。过去已成定局，我们无法改变一二，未来尚未发生，也不必迷茫。我们应该换一种积极的态度和心境，把握当下，做好每一件事，走好每一步路。

虽然每个人的出身不一样，所得到的画纸也不一样，但一样的是，我们都紧握着自己人生的那支笔，紧握着人生的主动权，写出怎样的剧本，拍出怎样的作品，只有我们自己说了算。

所以你要知道，现在对待生活的态度，就是你以后要走的方向。

如今你怎么写，以后就会怎么演，而且自己所决定的每一笔，都是没有撤回键的定格，而这些定格，需要我们悉数负责。

那么，请你对自己的剧本负责，也请你做好自己人生的作者。

初心若在，岁月无恙

01

说来实在是讽刺。

闺蜜娜娜从小就对服装设计有着浓厚的兴趣，立志长大以后，要设计一套让全世界为之惊叹的服装，然后在岁月里留下回声激荡的名字。

后来，她经过向死而生的挣扎和坚持不懈的努力，终于成功地当上了一名牙医。

后来我问她，当初的梦想还记得吗？

娜娜云淡风轻地说，记得啊，可是我要不起，只能拿去喂狗了。

说完之后，娜娜脱下白大褂，换上拖鞋，绾起头发，走进了厨房，她说今晚要给自己煲一锅最爱的汤。

我跟她很多年没有见面了，彼时那个野心勃勃不可一世的姑娘，已然被岁月浸染得格外温柔，少了些许戾气，多了些许从容。

梦想拿去喂狗以后，人还是那个人，但心却不是当年的那颗心了。

心依然跳动，但却不再慌张；依然炽热，但却不再迷茫。于是猛然发觉，原来在磕磕碰碰的匍匐前行中，我们悄悄地长大了。当知道有些东西不是努力就可以得到，所以选择了放弃；知道最终拗不过生活，所以选择了妥协。

你看，我们最终都变得好柔软，再也没了一意孤行的冲动，可我们也变得好没用，连失败了再来一次的勇气都没有。

02

你一定还记得吧，小时候的作文题目叫作“我的梦想”，那时候的我们多张扬，什么都敢想。

记得最清楚的是我的发小肖肖，他说他长大以后要当一个发明家，研发出一种可以变形的车，比变形金刚还要厉害，可以缩小成一块糖，装进口袋里，也可以在遇到危险时，变成一座山那么大。

后来，他长大了，就去卖保险了。

童言无忌，大概是给自己最好的台阶吧。可那些可以肆无忌惮做梦的岁月，却是一生再也无法重来的事实。

我曾经问过肖肖，现在的日子是你想要的吗？

他摆了摆手，自嘲地笑了笑，回答说：“哪有什么想不想要的，日子不都是这样吗，好好活着就行。”

“你忘了你小时候还说要当发明家呢。”

他笑得更大声了：“你可拉倒吧，如果说非要有梦想，那我的梦想就是有钱。”

我忽然想到我之前在文章里写过的那句：年轻的时候，我们可以为了梦想抛头颅，洒热血，但长大以后，我们为了钱，可以放弃梦想。

我不觉得庸俗，只觉得有些许悲凉。

肖肖跟娜娜一样，不再对梦想抱有任何期待，你问他梦想，他只会想到，还有半个月才发工资，可明天就要交房租了，怎么办？

我们终会在日复一日的挣扎里，融入生活的柴米油盐。年轻的时候总想着去改变世界，长大了却发现，哪怕只是不被世界所改变，就已经需要用尽全身的力气了。

大概初心才是这世上最美好的东西吧，但守住初心谈何容易？

所以，我们会一遍遍地打碎自己，然后再重新组合。虽然这并不是自己想要的方式，但却是最适合在这世上生存的方式。

但是，在“打碎自己，重新组合”这一过程里，我们会逐渐意识到自己的渺小和微不足道，这种意识就是认识世界的开始。在此之后漫长的一段时光里，我们竭尽全力说服自己与这个世界握手言和，哪怕头破血流，哪怕怀疑人生。

这是成长必经的路程，与世界和解了，就长大了。

所谓长大，不过就是逐渐变得柔软的过程，依然有壮志和雄心，却不再盲目；依然有底线和坚守，却不再冲动。

少了些戾气，多了些温柔。

可这样的我们，活得好累啊，戴着面具的八面玲珑，终究不是我们想要的肆意人生。

03

还记得电影《缝纫机乐队》里那个被拆掉的大吉他吗？

如果一个人变成了自己曾经最讨厌的人应该被恭喜的话，那主人公程宫为什么会在大雨中失声痛哭？广场的大吉他是他一直守护的摇滚梦，如今为了开发商的 100 多万，却选择了拆掉它。

梦想就值 100 万吗？如果是，他为什么要哭？

乐队的每一位成员，满心绝望地看着那个被拆掉的大吉他，我理解他们彼时内心的挣扎，就像理解在现实面前千万次妥协的自己。

每个人的心里都曾有一把大吉他，那把吉他的名字叫作梦想。我们曾经因为某些原因无奈地将其暂且搁下，但从未真的舍得放弃，只是深埋心底，不再提起。在我们食不果腹，衣不蔽体的时候，也曾挣扎，但挣扎过后，就变得无力了。

无力之后开始妥协，罢了，梦想不要了，只想要钱。于是，不缺吃穿了，却再也找不到幸福，因为学会了生存，就再也不会生活。

这是我们年轻时活该经历的狼狈吧。

那么，我们能不能勇敢一点，再勇敢一点，能不能不要那么轻易地就被动放弃，能不能像电影里的程宫一样，最终选择为自己拼一次，重新拾起信念将“缝纫机乐队”办下去。他跟主唱胡亮说：“如果你放弃了，心中的那股气儿就没了，一旦没了，你就会想着何时结束，而不是何时开始。”

程宫所说的那股气儿，其实就是心中对于梦想的执念。执念一旦消失，人生便再无任何期待，而一旦无所期待，便是人一生悲哀的开始。

或许，经过我们的不懈努力，多数的梦想终究会战胜现实。

现实虽是人类生存的基础，但人却是基于梦想而活着的。没了梦想，人便没了信仰，没了信仰，人便没了灵魂，没了灵魂，人便死了。

那么，干脆就像电影中的主唱胡亮一样吧，即使艰苦也不气馁，即使挫败也不言弃。几十年如一日的坚持，将梦想刻在心里，付诸在行动里，只要尽力了，人生最坏的结果也不过是大器晚成。

乐队中那位年龄最大的爷爷就是我们的榜样，他曾经因为脑血栓，倒在了舞台上，于是在各种阻挠下，他放弃了吉他。后来做了一位妇科医生，没有人知道，他的白大褂背后，隐藏着多么炽热的音乐梦。

直到“缝纫机乐队”成立，他的人生才重焕新生。弹吉他的时候，他的灵魂是飞着的，此时的他不属于自己，属于所有正在追梦的人类。他是我们的榜样，是最原始的力量。他发出的每一个音符都在鼓舞着我们，使我们热血沸腾，同时也在鞭打着我们，使我们羞愧万分。

一个老人尚且可以追梦，而我们年轻人还怕什么来不及呢？即使已经长满白发，也要用全身的细胞诉说着年轻，毕竟真正的年轻从来与年龄无关，而在于心境。

不要在 20 岁就“死掉”，100 岁才“埋葬”，这样的人生不值得去过。要知道，最悲哀的从来都不是没有梦想，而是有梦想却不敢去追寻；最重要的也从来都不是梦想何时开始，而是开始以后，就别再结束。

唯有如此，才会永远年轻；唯有如此，才是不枉此生。梦想不灭，心将永远不亡。

04

黑格尔告诉我们：存在即合理。

每一个人或者每一个事物都有其存在的价值，可以不喜欢，但却不得不尊重。

既然如此，何不选择一种酣畅淋漓的活法呢？

无论如何策马奔腾地追逐，你都是独一无二的风景，所以不必在意别人异样的眼光。人这一生并不长，希望只留给自己，留给漫长而又不断精进的修为里。

在此之前，一定不要放纵自己过一个差不多就行了的人生。

好的人生，差一点都不行。

骏马面前无沟壑，怂人面前全是坎

01

某天，在微信公众号的后台筛选留言，看到这样一则故事，让我感慨颇深。

留言者姓陈，我们暂且称他为陈先生吧。

据陈先生讲述，他现在是一家贸易公司的老总，生意越做越大，但人却越来越敏感，或许是年纪大了吧，总能想起一些过去的事，特别是最初南下创业时候的事。

2001 年，他 18 岁，独自一人背井离乡，来到了深圳。下火车时已是傍晚，抬头看到万家灯火，瞬间就被孤独和无助吞噬掉了。

他跟自己说：从今天开始，就只能靠自己了，要想在这座城市立足，就要吃很多别人不能吃得苦。总有一天，你会有自己的家，看到那些灯了吗？以后你的家里，会是最亮的一盏。

有了这样的信念，他就什么都不怕了。他在这座城市独自闯荡，被人拒绝过很多次，也失败过很多次，但他始终都没有被击退，反而越挫越勇。

那时候，他在珠宝厂做学徒，手上经常被磨出水泡，后来变成了茧。从基层打杂开始，一路升到技术员，再到部门主管，最后成立了自己的工厂，开了贸易公司。

这一切看似顺理成章，但过程却一点都不顺畅。开工厂初期被合伙人欺骗，一夜之间被卷走了一切，搭上了自己的全部身家不说，还外欠了很多债务。

那时候，他感觉天都塌了，而他的父亲也正是在这个时候突发脑溢血去世的，他连最后一面都没有见上。

02

2011 年的时候，他 28 岁，一个人窝在深圳的出租屋里。除夕当晚，他买了一包速冻饺子，一边吃一边掉眼泪。

新年的钟声敲响时，他望着窗外漫天的烟花，一夜没有合眼。

凌晨 4 点，陈先生隐约听到外面有扫地的声响，拉开窗帘，看到一名清洁工立在寒风中，就像一个救世英雄。他穿得很单薄，不断地跺着脚，将满地的鞭炮屑扫进垃圾桶，之后用嘴巴往手里哈气，搓一下手，再继续扫……

他被眼前的这一幕触动了，心被狠狠地揪着。

放眼望去，身边活着的每一个人，又有谁是真的容易呢？每一个人不都是拼尽全力的生活吗？跟他们相比，自己这些经历又算得了什么呢？

从那以后，他再也没有了抱怨，积极地总结自己失败的原因，决定重新开始。最难的时候，他住 500 块钱一个月的地下室，又潮又湿，晚上总有老鼠的叫声。一包泡面，分开两顿吃，吃不饱就喝水。

如今七年过去了，他终于有了自己的公司、房子、车子、妻子以及两个可爱的孩子。18 岁变成了 35 岁，不再年轻了，但是曾经的那些心酸，却越来越清晰了。

越是清晰，就越是要不断地警醒自己：若是骏马，何必畏惧沟壑？

要知道，只有怂人，才会觉得眼前的挫折是道坎。对于骏马来讲，所有的挫折，都是为了使我们站在更高的位置上。新的挑战衍生新的机遇，将挫折化解并积极地总结经验，挫折就变成了奖励。

03

有句话说，当你极其渴望做成一件事情的时候，整个世界都会帮你。对这个说法，我一直深信不疑。

我有个发小，曾经也有过一段苦不堪言的创业经历。

他想开发一款游戏，这个想法从初中的时候便开始萌芽了，但身边没有人支持他，反而总是不断地遭到白眼。但他骨子里是个特别倔强的人，你越说他不行，他就越是起劲。

高中毕业的时候，他研发的游戏已经初具模型了。上了大学，结交了一群志同道合的小伙伴，几个人一拍即合，在原有设计的基础上加以修改和完善，整款游戏，整个活了。

于是，他们成立科技公司，写商业计划书，四处拉赞助，找投资，一路风风火火地进行着，好像未来只跟自己隔了一层玻璃膜，只要触手就可得到。

但很不幸，他们吃了无数次闭门羹，直到大学毕业都没有任何起色。渐渐地，就有人懈怠了，放弃了，最后还在坚持的，就剩他一个。

没关系，狮虎向来都是独行的，身边没有人，但脚下还有路。

04

如果说那段时期的经历是星辰和大海的话，那有一次偶然的“吃饭事件”，就是他路程中的转折点。

那天，朋友一个人来到这家饭店，而且点了菜，当服务员过来询问他有几位客人用餐的时候，他告诉服务员是一个人，但服务员告诉他，饭店暂不接待一个人用餐。

他说：我点了很多菜，我付得起钱。但服务员告诉他，这是店里的规定。虽然有不甘，朋友还是说了句抱歉就转身离开了。

他走出去，转身去蛋糕店买了一个小蛋糕，和路边的一个流浪汉一起吃。那天是他的生日，唯一一个跟他说生日快乐的人，是一个陌生人。

可就是这样一个陌生人，改变了他以后整个的心理历程。

那晚，他跟流浪汉聊了很晚，让朋友印象深刻的并且改变他心境的话始终萦绕在耳畔。流浪汉说，在年轻人的世界里，从来没有所谓的失败，有的只是暂时不成功。只要还活着，就有无限的可能，大不了从头开始，有什么好怕的呢？

那一晚，他没有再觉得孤单，这份来自陌生人的鼓励，一直温暖他到现在。哪怕他现在已经身家千万了，也一直记得当初那个跟他说生日快乐的流浪汉。

05

人有时候就是这样奇怪。

我们总是擅长看别人的故事，反省自己的人生，当别人的励志故事变成故事，那个所谓的别人就已经成功了。

而在看别人的故事的那个我们，依旧是一个普通人，甚至会嘲讽自己：只是看一些励志鸡汤，有什么用呢？看多了甚至免疫了，光鲜都是别人的，苟且才是自己的。

其实不是，应该说光鲜都是看得到的，苟且是深埋心底用心珍藏的。毕竟每个人的生活都要自己去过，别人的励志故事不是为了激励你，而是为了提醒你，你原本就可以，只是还未到恰当的时机。

在此之前，千万不要小瞧了自己。

要知道，你若不怂，人生便无沟壑。

如果有来生，
愿为一棵树

01

我对树似乎有种与生俱来的执念。

从记事起，就一直生活在树林里，我家在我们村最边上的一个小角落，东面是一片树林，北面也是一片树林。

树林挨着麦田，起风时，树叶和麦田一起摇摆，那是我至今所见过的最美的画面。

春天杨絮纷飞时，我会把自己当作一个从天上下凡的仙女，追逐漂浮在半空中的杨絮，追不动了就原地转圈，让软软的絮棉，拂着微笑淡晴的脸。

夏天枝繁叶茂时，我会在两颗距离较近的杨树下，绑一个秋千。太阳最大的时候，就听着知了的叫声，躺在树下，进入梦乡。每当我睡着，爷爷便会轻轻地走过来，将他的外套盖在我的身上。

但我最喜欢的是秋天，我出生于阴历九月，彼时已是深秋，落叶纷飞，日渐萧寒。我不知道树叶将要飞向何方，但我知道，等到来年春天，它们便会重新来到我的身边。

北方的小城，冬天总是格外寒冷。被冰雪覆盖着的是一个美出幻觉的世界，我总是被冻得没了知觉，可那些杨树总是笔直地站立着，根深深地扎在土里，迎着风雪的方向，骄傲地微笑。

我陪那些树走过一年四季，而它们却没能陪我找到长大后的自己，便已离去。

02

他们被砍掉的时候，我把自己锁在房间里整整三天，不哭不闹，不动不笑，仿佛死去了一样。

电锯声一声一声地传入我的耳朵里，良久，听到“砰”的一声，枝丫应声而落。我在想，他们会疼吗？会不会难过？会不会有那么一点点的舍不得我？

我无处可想，也无处可躲，紧紧地把自己裹在被子里，捂着耳朵，抱住头，终于放声大哭。

那种感觉就好像自己的全身一下被掏空了，只剩下一具躯壳，没有了精神世界，也没有了灵魂。

想到往后的日子里，再也不能追着杨絮跑，不能在树下荡秋千，不能看落叶纷飞，也不能再期待树叶来年重新归来……

爷爷轻轻地叹了一口气，告诉我，等到明年春天到来的时候，他会买很多的小树苗，然后和我一起，在大树曾经被砍掉的地方，重新种上。

我信了，于是我又乖乖听话，乖乖上学。那时候，活着的唯一的期待，大概就是等待来年春天的到来。

我安静地等待着，笑容也在等待里绽放。

那时候的我，一直坚信那些新种下去的树苗，就是那些大树重生时的模样。

毕竟年少，又怎么真的知道花落知多少，只知道能谈天的时候便谈天，能笑的时候，便放肆的笑。

03

爷爷没有骗我，春天来的时候，小树苗真的也来了。

我们用大铁铲剖开一个一个大大的坑，将小树苗轻轻地放进去，我扶着，爷爷埋土。小树苗虽然一声不吭，但我知道它一定在笑。

将它们全部重新种好以后，我整日里满怀期待。每次放学路过那片小小的树林，总要停留好一会儿，弯着腰轻轻地跟它们说："你们快点长大呀，我也要快快长大，我们一起长大吧。"

但是小树苗长得好慢啊，一年又一年，依然是刚种下时的模样。

我问爷爷："为什么之前的树长得那么高大呢？"

爷爷说："之前的那些啊，已经长了很多很多年了。你看，树根上的那些圆圈，就是树的年龄，它们每长大一岁，就会多一个圈。"

爷爷指着那些曾经被砍掉的树，耐心地解释给我听。

"他们要比你大很多很多岁呢，你别看它们长得那么慢，其实它们是在扎根呢。只有根基扎得足够深，才能承其重，以后无论多大的风，多大的雨，都能岿然不动。"

"什么是'承其重'？我不懂。我只知道它们长大了就被砍了。"我赌气似的，略怀感伤地说。

是的，我一直都不曾释怀，一直在想念那些陪我长大，最后却轰然倒下的大树。它们途径了我的人生，惊艳了我，却在最后的时刻，草草结束了一生，而我这个受惠人，甚至都没能送它一程。

怎么能不感伤呢？人心又不是石头。

爷爷拍拍我的头，慢慢地说："'承其重'的意思就是说，可以有足够的能力去抵抗风雨，爷爷也希望你能跟它们一样，不要活得太着急，要在平凡的日子里汲取营养，丰富自己。等你根基扎得足够深，足够稳，就什么都不怕了，也不用再依靠任何人。"

"可是我能不能不长大？如果我不长大，它们是不是就不会死？我不想它们被砍掉，永远都不想。"我执拗地坚持自己的意见，像一头拉不回的牛。

然后，忽然就换成爷爷伤感了。

他说："不能的，你不能不长大，就算你不长大，它们也不会永生存在着。万事万物都有既定的规律，不只是树，还有人。等到百年以后，爷爷也要走，爸爸妈妈也终究会走，你也会。"

"既然如此，那人为什么要活着呢？"我呆呆地问。

"就是因为生命有时间限度，所以才让我们好好珍惜啊，如果一个人可以让有限的生命发挥出无限的价值，那这样的人是永远不会死的。以后你就会懂得了。"

说完，爷爷起身离开了。我一直觉得他最后的那声叹息，很多年以后，依旧清晰。

爷爷年轻时是一名记者，最后也没能完成他几十年如一日的作家梦。在那个饥寒交迫的年代，哪怕只是吃饱都要拼尽全力了，还有什么条件去谈梦想呢？

所以最后，他在我们那个小镇里做了老师。奶奶说，这样基本生活有个保障。

晚年的他喜欢种菜，也喜欢种树，却唯独很少跟我讲人生诸多的大道理，只是从我出生起，他便说，希望我可以活得像一棵树一样。

我记在心里，也付诸在行动里。

我知道我可以，我知道那些树也可以。

04

我 9 岁那年，离开家乡去城里读书，回家的次数越来越少。但无论走到哪里，我都一直记着爷爷说过的话，要像一棵树一样，努力地扎根发芽。我要努力学习，努力地提升自己，让自己变得优秀，做到真正意义上的独立行走。

只是时常会想念和爷爷一起种下的那些树，也想让它们快快长大，然后去看一看外面更大的世界，呼吸更新鲜的空气，看更广阔的天空。

可是之后的日子，就像按了快进键一样。我一路直升初中、高中、大学，然后毕业，工作，步入社会，一气呵成。

日子过得越来越快了，甚至连回头看的时间都没有。

我不记得有多久没有见过那些曾经亲手种下的树，不知道他们有没有努力地扎根，有没有活成生机盎然骄傲的模样。

我不记得有多久没有回过家乡，不知道家乡那条一下雨便泥泞不堪的路，是不是已经铺满了水泥。

05

黑塞在《悉达多》里说："大多数人都像一片片绿叶，在空中漂浮、翻滚、颤抖，最终无奈地委顿于地。"

但是有少数人恰如沿着既定轨道运动的星辰，无常的命运之风吹不倒他们，他们的内心有着既定的路程。

而我不希望自己是一片绿叶，我希望自己可以是一棵树。

我不要在风中凌乱地漂浮，颤抖，我要深深地扎根于大地，活成令自己骄傲的模样；头上是一望无垠的蓝天，尽情地跟风招手，微笑；爱想爱的人，做想做的事，追求自由但时刻自省，哭得过瘾，也笑得肆意。这才是我此生存在的目的。

我会用内心最纯真的梦，杜撰无数个撩人的黄昏。

然后幻想一只来自远方的飞蛾，它们紧挨着孤独，向时间疾苦，又不掩春色。而我在心中祈愿，如果有来生，愿为一棵树。

岁月无波澜，且余生不悲欢。

四

若有斗志藏于心，
岁月从不败少年

人品决定命运

01

我给家里换了新空调，我妈反复打电话来确认，有没有给负责安装的工作人员一个五星好评。

原本只是一件小事，我并没有多放在心上，一忙就给忘了。但最后一次来电话的时候，我妈险些生气了。

妈妈说：“你不知道你的举手之劳，对于别人来说有多重要。安装那天下午 37 度高温，那个小伙子差点晕倒，他跟你年龄差不多大，他的父母得多心疼啊，你就帮帮他怎么了？”

原来，不知道我妈从哪儿听说的，好评跟他们的工资和奖金什么的直接挂钩，所以她一直对这个事格外上心，直到我给了好评并且截图给她看才放下心来。

妈妈的执着让我觉得分外惭愧。我跟弟弟在很小的时候，她就身体力行地告诉我们：人活一世，可以不富裕，但一定不能没良心。

人们常说，性格决定命运，我觉得人品也能决定命运。

对于大多数人来说，好的人品不仅能使我们心里踏实，更能使我们的灵魂上升一个高度，带来更多的尊重和机遇。

02

记得大一那年的七夕情人节，我跟朋友去逛街，不料那晚却下起大雨，很多人被困在地铁里，怨声载道，不绝于耳。

我和朋友躲在墙角你一言我一语地聊着，忽然身边出现了一个十来岁的小姑娘，背着一个大大的筐，里面装着几近枯萎的玫瑰花。她踱步走近我们，面露难色轻声地说：“姐姐，请问可以买一束花吗？”

我还没反应过来，朋友就笑嘻嘻的弯下腰去，一边拿花一边说：“好啊好啊，姐姐最喜欢玫瑰花了，真好看，我们多要几朵……”

小姑娘不住地道谢，开心得眼泪都要出来了，走的时候一步一回头地对着我们笑。我忽然觉得她的笑容是那个情人节里最美的礼物。

朋友颇有感慨地说，对我们来说几十块钱或许不算什么，但对这小姑娘来说，或许是很多天的生活费。不管这些人群几分真几分假，但我们做好事，至少图个心安。

朋友的话使我想起歌德的那句话：“只有伟大的人格，才有伟大的风格。一个内心时刻想他人之所想并付诸在行动里，将其作为最基本的行为准则的人，其灵魂一定是高贵的。”

03

曾经在网上看到过这样一则故事，感慨颇深：

美国一家知名企业需要招聘一名技术工程师，有一个叫史密斯的年轻人去面试，他忐忑不安地等待着，直到一位相貌平平、衣着朴素的老者进来。

那位老者盯着史密斯看了半天，眼睛眨都不眨，看得史密斯更加紧张了。

突然，这位老者激动地抓住史密斯的手说：“我可找到你了，太感谢你了！上次要不是你，我可能再也看不到我的女儿了。上次在中央公园，就是你把我失足落水的女儿从湖里救上来的！”

史密斯明白了事情的原委，原来老人把自己当成他女儿的救命恩人了。史密斯连忙解释说：“先生，您肯定认错了！不是我救了你的女儿！我都没有去过中央公园呢。”

“是你，就是你，我不会认错的！”

老人又一次肯定地说。

史密斯面对这个对他感激不已的老人再次坚定地解释道：“真的不是我，先生，不过没关系，慢慢来，您一定能找到救您女儿的恩人的！”

后来史密斯接到了录取通知书。有一天，他又遇到了那个老人，关切地与他打招呼，并询问道：“您女儿的救命恩人找到了吗？”

老人沮丧地说：“没有呢，我一直都没有找到他！”

史密斯心里很沉重，对一旁的司机师傅说起了这件事。不料那师傅却大笑起来，说：“他可怜吗？他是我们公司的总裁，他女儿落水的故事讲了好多遍，事实上他根本就没有女儿！”

史密斯大惑不解。

那位司机接着说；“我们总裁就是通过这件事来选拔人才的。他说过有德之人才是可塑之才！”

04

战国的李悝曾经提出了“识人五法”，其中后面两点是：穷则观其所不受，贱则观其所不为。

这两句的意思是说，人穷没有关系，但是穷人不占别人小便宜，这样的本质才是好的；人地位低下也没有关系，只要不卑不亢，时刻保持自己的尊严，这样的人到哪里都能发光。

很明显，我的那位朋友与工程师史密斯就是这样一种人，朋友不会因为自己穷就不行善事，而史密斯不会因为自己卑微就不坚守人格。

于是我想，有一颗善良的心去温暖他人，有一颗真诚的心去坚守人格，我们就看到了至高无上的善。

这种“善”，可能是言行一致，可能是不再背后说人坏话，可能是随口跟服务人员说的一句“谢谢你”，也可能是雨天遇到水坑时，怕车子溅到别人而故意放慢的步伐；

这种“善”，可能是心浮气躁时的涵养，是众声喧哗时的理性，是人微言轻时的慈悲，是情侣间意见相左时的尊重，是夫妻间大难临头时的恩爱……

这种“善”，体现在日常工作和生活中点点滴滴的细节里。好的人品究竟有多重要，大概就体现在与人方便，与己心安。而世间最贵就是心安，我们但行好事，莫问前程，这样的灵魂，即使没有名扬千古，也一定带有香气。

05

古希腊哲人赫拉克里特有一句名言说：“人格决定命运。”

不仅对个人是这样，对世界的发展同样也是如此。人格决定了我们的格局，也决定了我们的命运。

人格的中心是爱，爱是人类精神能量的源泉。而一个有着良好人品和完善人格的人，一定是光芒四射的。

因为他不仅无愧于心，更无愧于世，不仅与人方便，且与己心安。

生而为人，务必善良

01

那个早上在公交车上训斥我的司机大叔，一定想不到我下车后就把他写进了文章里，而且是为了感谢他。

当时车上人不多，有空位，但我习惯性地站着。一来，总会有人比我更需要座位；二来，在办公室经常坐着，站一会儿反倒舒服。但怎么也没想到，就是因为有空位不坐，我竟然受到了司机的训斥。

他很大声地说："姑娘，有座位你就坐，这些人都不看红绿灯，万一急刹车怎么办？你摔坏了谁负责？赶快坐下！"

我愣了几秒，看了他一眼，心想，这人说话怎么那么难听呢？现在的司机管得可真够宽的，坐着站着也要管？坐个公交车还有没有人身自由了？

心里虽这么想，但还是坐下了，坐下以后继续低头玩手机。

没想到这时候他竟然叹了口气，继续说道："唉，你们这些年轻人，就知道低头玩手机，在车上也就算了，下车了就别玩了，走路看路，安全第一，知道没？"

我就这么猝不及防地被触动了一下。

原来这个“管得宽”的司机大叔，虽少了些言语上的细腻，却多得是笨拙且粗暴的善良。

上班的那条路在修地铁，车多，人也多，经常堵。但是那个早上，堵的只是车，我的心里格外舒畅。

02

其实，他原本可以不管我的，但他管了。善良除了是种本能以外，更多的是种选择。

朋友给我讲了这么一个事。

春运期间，一票难求。对于在外省打拼的孩子来讲，如果买不到过年回家的票，简直天都塌了。

但命运就爱开玩笑，朋友真的没有抢到票。

最终无奈买了站票，从祖国的南端辗转到最北方，二十几个小时的路程。她说简直没法想象这一路该怎么度过，所以特地买了咖啡来喝，提醒自己时刻振奋。

可事实上，即使她不喝咖啡也依旧很振奋，因为当时人太多了，她甚至都没有放脚的地方，又怎么可能有睡意呢？一路上不停地变换站着的姿势，一只腿撑着全身的重量，让另一只腿稍微放松一下，又酸又麻，整个腿都在发抖。

就在这时，坐在他身边的一位大叔，转个身坐到了对面，跟另外两位同伴挤在了一起，亲切地说：“小姑娘，你来这坐吧。”

当时，她瞬间感觉到一股暖流从头涌到脚，眼泪夺眶而出。

后来的路上，她眼睁睁地看着三个男人挤在两个人的位置上，忍住不睡互相聊天振奋着精神，而她在那位大叔的位置上，如坐针毡。于是就说：“大叔，你来坐睡一会儿吧，我站着没关系的。”

大叔憨憨地笑了，说：“没关系，我们皮糙肉厚的，什么样的苦没吃过，熬一会不睡觉又算得了什么，倒是你们年轻人，要好好休息，注意身体。”

03

我们常常会说，什么是善良？善良有什么用？

记得哆啦 A 梦里，静香的爸爸曾经这么评价大雄：“这个年轻人会为他人的幸福而祈祷，因他人的不幸而悲伤，这是身为一个人最重要的特质。”

我认为这就是善良。善良不会直接带给你富庶的生活，但是却能给你一个格外富庶的生命。

曹操有一次得到了几副精美的装饰品，拿回家分给妻妾。他让卞夫人首先挑选。卞夫人选了其中一副中等档次的。曹操奇怪地问她为什么，卞夫人的回答是：“取其上者为贪，取其下者为伪，故取其中者。”

之所以对这个故事印象深刻，是因为卞夫人的回答深得人心。在知乎上看到有人说：

对于谋求自身利益最大化的理性经济人而言，善良体现为两面：

一、利人，善良必有正的外部性；

二、不损己，才能排除伪善。

而利人不损己的善良才能静水流深，反之静水流深的善良才能利人不损己。

04

已识乾坤大，犹怜草木青。

这大概就是最高层次的善良，见识过大涛大浪，仍旧以一颗赤子之心，怜惜脚下的每一棵小草。

之前我在《我让你相信 这世界花开四季》里曾经写过：

人这一生，别有太多的恨，此生遇到的人，来生皆不会相见。这世界很嘈杂，真正值得拥有的，是生命中不多的纯净。

请铭记那些平凡的感动，在时光的缝隙中倾听灵魂的声音。那些曾经低到尘埃里的花，那些飘到云端上的梦，经年后，或许只剩下宽容与感动。

毕竟，许多事，沉淀了，便是晶莹。

我们人活着，总是希望世界能好一点的。那就别吝惜你的善良，去拥抱这个世界吧。

别小看那个笑着为别人鼓掌的人

01

如果不是实在忙得脱不开身，我每个周末多会照例去一次图书馆。不仅仅是因为喜欢那种畅游在书海里的感觉，只是与自己单独的相处，就已经足够使我欣喜了。

去图书馆的路上，我一直在看林徽因的那本《我的世界是安静的》，正与我当下的心境是相应的。

公交车上人头攒动，人声嘈杂，唯我陷入自己这片安静的书中世界，享受着静待花开的美好。

我是安静的，我的世界也是安静的。在安静中，我能彻底放低自己的姿态，去观察身边的每一个人。从他们的身上，总能发现闪光点，发现值得自己去学习的地方。于是我发现，那些能将自己放低的人往往是谦卑的人，而越谦卑，就越能实现跨越式的进步。

有了这样的感受之后，我决定写下这篇文章。

有些人越长大就越是锋芒外露，对我来说却不一样。我是越长大，越不愿与人多言。大概是应了那句“群处守嘴，独处守心”吧。很多时候，我对自己的要求，是先做后说，减少了失信于人的困扰。

这大概就是所谓的务实，我为自己的这种变化感到格外欣喜。

活着的每一天，我都默默去努力，在不具备登台表演，将所有聚光灯打在自己身上的时候，就踏踏实实地坐在台下，做一个低头为别人鼓掌的人。

即使这期间会有很多特别艰难的日子，也没有关系，因为在台下的这些日子，每天我都能感受到自身的进步所带来的欣喜。

这种欣喜就叫作成长。

02

有句话是这么形容闺蜜的，我一直颇有感慨。说，我很怕你过得不好，但又怕你过得比我好。

试想一下，前一秒我们还在同吃一碗泡面，下一秒你就飞黄腾达成为人中龙凤，供人敬仰和爱戴了。那么这对于依然在吃泡面的我来说，多多少少有点不舒服。

先不管后者是出于嫉妒还是怎样，总之，对于这种情况，你的反应和心理变化，其实就很直观地折射出了你的为人。

人都是有嫉妒之心的，那么何为嫉妒呢？心理学上说：

“如果一个人忍不住想批评某个人，想找他的各种缺点以获取心理上的平衡，那么潜意识里其实是想接近他。因为他知道那个人在某一个领域里特别优秀，或者特别幸运，而这种优秀和运气，自己没有。所以就会产生一种奇怪的心理，这种心理，我们习惯性称之为‘嫉妒’。”

万事万物皆有两面性，我们不说嫉妒一定是坏的。换个角度来想，只要不因“嫉妒”而做伤天害理的事，那么只要应用得当，“嫉妒”其实可以催人奋进。

而我今天要说的，就是后者，就是那个将“嫉妒”化为上进力量的人，是那个即使“嫉妒”也不忘低头为别人鼓掌的人。

想来大家也一定遇见过，或者听说过这样的事。

大家一样的刚刚毕业，一样的踏出校门寻觅工作岗位，一样的晕头转向，四处碰壁，且越挫越勇。最穷、最苦、最难过的日子，我们都一一经历，无数次濒临绝望，无数次失声痛哭，无数次在哪跌倒就在哪爬起。

然而，对于有些人来说，这些都是直接翻过去的篇章。他们甚至什么都不用做，一个跳板出现，就可以直接成为我们 10 年后、20 年后、30 年后，甚至是努力一辈子才能成为的那种人。

朋友曾经跟我提到过，她的大学室友小萌就是这样一个被命运眷顾，一个跳板直接上天触摸云朵的人。

小萌在她们宿舍是最不出色的一个姑娘，相貌平平，成绩平平，甚至连胸部都平平。但就是这样一个在人群中普通到找都找不到的人，刚毕业就谈了一个富二代男友，并且直接步入婚姻。

没办法，富二代说就喜欢她这种普通，普通得让他心动，让他内心充满波浪同时又格外心安。这大概就是——遇见了爱情。一朝潜入梦，此生不愿醒。

婚礼那天，大家都在。一度被浩大的婚礼现场惊得目瞪口呆，有的人是真心的祝福，而有些人，是由敏感的自尊心作祟，有些微的嫉妒。

这两种心理的差别，其实就是格局的差别。前者可以对于别人获取的成就报以肯定的掌声，而后者则是出于心理的不平衡。

我们知道，真正能决定人的一生的，其实就是格局。那个肯笑着低下头为别人鼓掌的人，一定是大度且睿智的。

因为他有海纳百川的胸怀，有正确和积极的三观，并且一心向善。而后者的嫉妒，往往会带来一系列的抱怨，因为他不仅不懂得尊重别人的成就，还会无法平衡自己本身的平庸。

久而久之，就会觉得自己获得的成绩是因为努力，而别人都是因为运气。这样的狭隘的格局，不说是否能走得很远，至少在路上，会走得略微艰难。

03

我们人类，从出生开始，骨子里都会有一些与生俱来的骄傲和优越感。

人往往都是仰望自己容易，仰望别人难。特别是在节奏如此之快的今天，人人都想当主角，想抢话筒掌握话语权，想让所有的聚光灯打在自己的身上。

但是殊不知，此时此刻，那个安静地坐在台下笑着低头为别人鼓掌的人，才是真正值得去学习的人，因为他是一个聪明人。

他明白自己什么时候该积蓄能量，什么时候该登台表演。他会为别人的成绩竖起大拇指，会适当地将自己放在一个很低的位置。

他不急着登台表演，因为他知道没有积累和沉淀的表演只能是昙花一现。而这世界最不缺的就是昙花一现，真正缺的，是有口皆碑的称颂。

所以，在你还不具备登台表演的能力之前，安静地做一个在台下为别人鼓掌的人吧。当你在台下的时间足够久，当你积累的能力足够多，那么迎接你的，将会是爆发式的成长。

那时，你不仅肯定了别人的付出、成全了自己最健全的人格，同时还升华了自己最善、最真、最美的灵魂。

而这样的人，一定不会过得太差。

你有什么样的心态，就有什么样的命运

01

2015年的夏天，跟在外企做HR（人力资源）的闺蜜约着一起吃饭，聊到了一个关于面试的事，到现在都记得。

闺蜜说，来面试的两个女生都是高校毕业，其中一个还是海归。几轮面试下来实在难分伯仲，就索性先让她们回去，等公司做进一步安排。

但当天晚上，她翻看了两个女生的朋友圈，心中便立即有答案了。

她拒绝了那位条件相对较好的留学者，留下了另外一位。原因很简单，前者是典型的消极型人格，朋友圈里乌烟瘴气，全是愤世嫉俗的抱怨。这样的人，不仅让人觉得压抑，还会让人下意识地想要逃离。

拿她最近的一条朋友圈来说吧，刚好就是面试的当晚，她发了一条朋友圈说：“今天面试完全不在状态，感觉自己好没用，整个人都变得好丧，心烦意乱，求安慰。”

从这简单的几句话来分析，可以得知她是一个很没有自信的人，擅于以情绪为食，肆无忌惮地向人展示玻璃心。而你要知道，职场最不缺少的就是玻璃心。

这样的人似乎有些矫情，心智不成熟，在工作中或者也会受到影响吧。

而另一位姑娘刚好相反，从第一轮面试开始就一直自信满满，给人感觉特别舒服。笑容是可以感染的，不知不自觉中，就被她的情绪带着走，整个人变得很轻松。

特别是第二轮的问答环节，她发挥得特别好，不仅反应快，思虑周全，还有着超高的情商。而在很多时候，情商就是修养。

她的每一条朋友圈都是轻松活泼的类型，偶尔还有一些搞笑的段子和配图，让人忍不住点赞。

为什么我们会觉得朋友圈越来越重要了，因为朋友圈真实地反映了这个人的生活状态，你是消极的还是积极的，从你发的朋友圈就可以看出来。

一个人有什么样的心态，就会有什么样的命运。我们无法改变世界，无法改变很多既定的现实，但是如果能改变看待事物的角度，一切就会变得不再一样。换句话说，你的心是怎样的，世界就是怎样的。

02

有时，我们也不得不承认，好的心态真的会成就一个人。

我之前的同事小晴也是一个心态特别好的姑娘，每次跟她视频通话，她都笑嘻嘻地跟我讲所遇到的一切开心和有趣的事。无论情况多糟糕，她都能找一个恰到好处的角度，从中汲取正能量的东西。

拿小晴暑假去一家广告公司面试的经历来说吧。当时她兴冲冲地赶过去，却忽然下起大雨，没带伞，就一路小跑，但还是淋成了落汤鸡。

精心化了一早上的妆，就这么猝不及防地花了，本来应该沮丧的，但是她并没有太难过。她说难得化妆，一定是因为太好看了，连天都嫉妒，所以才要毁掉，没关系，素颜也照样秒杀一大片。

面试的时候，小晴并没有因为这件事影响她的心情。

一起面试的有几十个人，而小晴竟然一路绿灯，成功地笑到了最后。她说，当时脑海里一直回想着那句话：心晴的时候，雨也是晴；心雨的时候，晴也是雨。既然无法改变环境，那就只能改变心境了。

带着这样的信念，她将自己的积极和乐观发挥得淋漓尽致，无论口试的过程中，对方提出怎样刁钻的问题，她都能往好的方向考虑，最终化险为夷。

没有人会拒绝一个笑起来很好看，相处起来很舒服的人，因为这样正能量的人，只要看到，心情就会好，工作的时候效率自然高。

纵观这世上的一切，我们会发现，真的有太多我们无力改变的事情。我们不知道哪一天是晴天，哪一天突然下起雨。但没关系，晴天温暖，雨天浪漫，只要心中有爱，到哪儿都会春暖花开。

03

有的人是消极型人格，有的则是积极型。消极的人永远只能看到自己缺少的东西，而积极的人则相反，他会看到现已拥有的一切，并且不会为未发生的事情感到忧虑。

有一个故事是这样的，想必你一定不陌生。

很久以前，有一位国王。他做了个梦，梦见山倒了，水枯了，花也谢了，便叫王后给他解梦。王后说：“大势不好，山倒了指山河要倒；水枯了指民众离心，君是船，民是水，水枯了，船也不能行了；花谢了指好景不长了。”

国王惊出一身冷汗，从此患病，且愈来愈重。

一位大臣要参见国王，国王在病榻上说出他的心事，可谁知大臣一听，大笑说：“太好了，山倒了指从此天下升平；水枯指真龙现身，国王，你是真龙天子；花谢了，花谢见果子呀！”

于是国王全身轻松，很快便痊愈了。

你看，积极的心态可以创造更好的人生，而消极则会不断地消耗乃至毁掉人生。

就像拿破仑曾经说过的那样：“人与人之间，其实只有很小的差异，但是这种差异却可以造成巨大的差异。小的差异就是人所具备的心态，而巨大的差异却是成功和失败。”

是的，一个人的心态是消极还是积极，这看起来只是很小的差异，却往往决定了他一生的命运。积极的心态有助于我们克服困难，使人看到希望，保持进取的旺盛斗志；而消极的心态只能使人沮丧，对人生充满抱怨，一味地自我否定，抹杀了自己无限的潜能。

积极的心态创造人生，消极的心态消耗乃至毁掉人生。

所以，我们一向推崇，拥抱正能量，远离黑洞。

04

有时候，我们真的不得不承认，同样的都是一天 24 个小时，有的人可以将琐碎的柴米油盐，过得犹如世外桃源般宁静而致远；而有的人，即使是风花雪月般的浪漫，也可以糊弄得乌烟瘴气。

而这其中的差别，就是心态。

生活不全是你喜欢的样子，但是你却可以随时做一个喜欢的自己。

日子过得是否沮丧，是否艰辛，关键就在于你以什么样的心态去看她。很多时候，你的心态是怎样的，你的世界就是怎样的。

我想你一定见到过这样的主妇，她们收入不多，家境一般，但是却将小屋子收拾得特别精致，将小家布置得特别温暖。

或者是人群中那个略施粉黛便已艳压群芳的姑娘，你第一眼便被她明媚的笑容所吸引，而不是在意她背的是LV，还是CHANEL。

又或者是一些银行职员、电话客服等，他们每天过着枯燥且重复的工作，却能在工作之余，将自己的生活经营得格外丰富有趣。

所以，我坚信人的生活质量从来都不取决于物质上是否富足，真正拉开人与人之间差距的，是人的精神世界和思想态度，以及一颗有质感的内心。

我们应该在泥泞的无聊中开出最有质感的花，用诗意的心去代替聒噪和嘈杂。即使日子不总是我们喜欢的日子，但我们一定要选择随时做一个我们自己喜欢的人。

要知道，一个心态好的人，日子一定不会过得太差。

心有书香，人生自芳

01

曾经有一次去图书馆，有一幕深深地触动了我。

一个5岁左右的小女孩，欢快地在书架旁边踱来踱去，然后轻声跟一个中年女子说，奶奶，我可以看这一本吗？

女子说，当然可以啊，宝宝喜欢哪一本，就看哪一本。

于是，小女孩便乖巧地趴在旁边的桌子上，聚精会神地看起来。

这时，同行的另一个女子问："那么小的孩子，她看得懂吗？"

"她不用看懂啊，看不看懂不重要，重要的是我们想从小培养她读书的习惯，让她爱上读书的感觉。"

我的心忽然被触动了，像平静的湖面泛起了层层涟漪，久久不曾散去。

我抱着一本《中国文化简史》在一个角落坐下来，一直不住地感慨：一方面为教育，一方面为意识。

一个从小便培养孩子阅读习惯的家庭，必定深深地懂得读书对个人发展的重要性，他们对孩子言传身教的教育方式，必定会使孩子一生受用。而一个从小便热爱读书的孩子，长大以后，必定是一个内心极其富足且思维足够开阔的人。因为一本书就是一个世界，阅读的越是多，内心越是沉稳。

我们常说，一个人的气质里，藏着曾经读过的书，走过的路，爱过的人。因为气质是岁月长期积淀的产物，是漫长的时光所赠予我们的最好的礼物。

换句话说，你的内心是怎么样的，你的世界就是怎么样的。你走过的路，不会骗你。

02

曾经看过胡适先生的一篇文章，名字叫作《我们为什么要读书》，意思大体是说：

（1）读书是继承老祖宗的遗产，然后再创造发扬光大。

（2）越是读书才越会读书。

（3）读书才可以思考，进而解决问题。

基于以上这三点，我想谈谈我的看法。在我看来，读书可以使人仁慈，可以使自己成为自己。就像马克·吐温说：“读书让人变得文雅和仁爱。”

读书不但能增加人的才干，还能改善人的气质，美化人的行为，增进人的素质和修养。我们常说的“腹有诗书气自华”大抵就是如此。不要小看这一点，人生太多坎坷，不是因为知识和智慧不够，而恰在于修养不够。

“我们读书，然后就不孤独。”

第一次看到这句话是在《岛上书店》这本书里，时隔良久依旧记忆犹新。每当有读者问可不可以推荐一本书的时候，我的第一反应就是美国作家加布瑞埃拉·泽文的这本《岛上书店》。

读书到底有多重要？男主角在书中说：“一个地方如果没有了书店，那就不再是一个地方了。”他爱书如命，哪怕一生清贫，也甘愿守着书店，了却一生。

每个人都是一座孤岛，但是读书的时候，心便上岸了。

因为一本书就是一个世界，而且书里的世界是我们在现实生活中，双脚所无法涉足的世界，是我们的生命所不能到达的长度和宽度。这个世界深谙在我们内心深处，内心有多大，世界也就有多大。

《岛上书店》的男主角在去世前写了一封信，他说：“我全心全意爱着小岛书店，我不相信上帝，我没有宗教信仰，但这家书店对我来说，就是这辈子最接近教堂的地方。”

这本书看似讲的是一个人和一个书店的故事，但实际上折射出了整个人类的阅读、生活和爱。男主角为了守护书店，一生清贫，历经各种坎坷，但依旧坚持他自己的信仰。

他对于书店的执念，就是这本书的作者对于全人类阅读观念的折射和最终的坚守。

我们当今所生活的社会，发展越来越快，越来越少的人愿意停下来，但是总要有人坚守着这一方净土，犹如守着一池清泉。总有一天，我们会褪去所有世俗的沧桑，灵魂轻轻荡漾。

书店是一汪清泉，而每一本书都是一颗晶莹剔透的水珠。它不仅可以荡涤我们饱经风尘的灵魂，更能将我们带入一个双脚无法涉足的世界。

03

谷岳老师在《我的拉美摩托车日记》这本书里，曾提到过这样一个故事：

一个名叫日基利洛的村庄，位于一个狭窄的太平洋岛屿上，四面都是海峡。由于人类的破坏和全球变暖，导致岛上的人烟越来越稀少。1992 年时，发生了一次海啸，整个村庄险些毁于一旦。

可是你知道吗，就是在这样食不果腹、衣不蔽体的恶劣的环境里，竟然有一座用砖头建的房子，里面零零散散地放着几本书，供孩子们阅读。

村庄的村长说："只有读书，孩子们才会有更广阔的未来，目光所及之地才不会只是眼前的海峡。这世界很大，眼睛和双脚都丈量不了，只有思想可以。所以，必须要读书。"

一度被这个故事深深感动。一个有读书意识的地方，一群将读书放在至高位置上的人，无论物质有多贫乏，思想上都始终富裕，内心都始终充实。

热爱读书的人必然是热爱生活的，热爱生活的人永远都不会被世间所辜负。近年来，该村落的游客越来越多，也有越来越多的人被他们所动容，于是有人出资修建了书店，甚至开办了学校，生活也越来越好。

但是，这只是一个开始，因为读书而被感染的故事，在这个世界上正在轮番上演。读书不只是一个好习惯，更是一种高贵的追求。

人生在世，无非读书、见人、历事、行路。而我们之所以如此用力地生活，就是为了走在更好的道路上，遇见更好的人以及更好的自己。

读书可能不会直接带给你富庶的生活，但是一定能给你一个富庶的生命，而富庶的生命，是无价的。

04

我常常在想，究竟什么样的人会恰如其分地掌控自己的表现欲？答案应该是那个内心没有自卑感的人。

而内心没有自卑感，是因为其生命足够厚重，内心足够沉稳。明白什么是自己想要的，不与人比较，不与人争夺，淡看花开花落。

人们常说，我们可以用一年的时间学会说话，但是却要用一生的时间学会闭嘴。有些人可以因为两毛钱在菜市场里跟人破口大骂，有些人即使被人误解也可满面春风，而这两者之间的差距，就叫作格局。

什么是格局？就是当我们在二楼的时候，看到的会是满地的垃圾，而在 22 楼的时候，会将满城的风景尽收眼底。

站在不同的楼层，就会有不同的视野和心态。人也一样，当我们迈入了一个新的高度，进入了一个更高层次的圈子，就会有不一样的视野和胸怀。

而拉开差距的，就是我们是否热爱读书，是否有一颗往更高楼层攀爬的上进的心。

我们总是会说，好看的脸蛋太多，有趣的灵魂太少。那究竟什么是有趣，什么又是无趣呢？

在我的理解里，有趣就是热爱自我、热爱生活且内心充满积极和爱意。即使阴天内心也装满阳光，即使下雨灵魂也依然高昂；不会因为环境而影响自己，永远保持行动和思想的高度统一，永远保持内心独立。

这样的人，无论在什么时候都会有自己的思考和见地，不会一味地迎合抑或沉沦，从而失去立场，失去自己。

我钦佩这样的人，同时把这样的人归为“有文化”的人。

什么是有文化？至今最喜欢的一个答案是：文化就是植根于内心的修养，无须提醒的自觉，以约束为前提的自由，以及为别人着想的善良。

而读书不会让你有文化，但是有文化的人，一定热爱读书。因为读书是思想必需的营养，也是思想无穷的源泉。

05

有人会问，女孩子为什么要读书？最终还不是要回到一座平凡的城，打一份平凡的工，嫁做人妇，洗衣做饭，相夫教子，这样折腾有何意义？

杨澜说，我想我们的坚持，是为了就算最终跌入烦琐，洗尽铅华，同样的工作，却有不一样的心境；同样的家庭，却有不一样的情调；同样的后代，却有不一样的素养。

是啊，我常常觉得人生是一场修行，我们所走的每一步，所吃过的每一寸苦，最终都会照亮我们的路。

而照亮以后的气场里，便沉淀着在岁月的大浪淘沙下，所有走过的路，以及看过的书。

读书不会给你带来直接的财富，但是却可以使你的内心富足。当你爱上读书，你便会发现，整个世界都在偷偷爱着你。因为你总会在书中的世界里，遇见最值得爱的，最美的自己。

曾经不止一次地想过，在闹市的一个拐角处，开一家小小的书店，从此晨钟暮鼓，安之若素，与书本一起沉溺在一个个海洋里，不知疲倦，也不在意是否上岸。

但是，当今的社会发展得那么快，每个人都像一台忙碌的机器一般，日复一日地奔波，怎么都停不下来。而书店，就像是这嘈杂世界里的一方净土，我们那么渴望褪去满身世俗的沧桑，将灵魂轻轻荡漾。

那么就去阅读吧！在某个阳光温暖的午后，在某个落日余晖尚未散尽的黄昏，一头扎进一本书里，试着接纳和包容，冲刷自己饱经风霜的灵魂。

接纳不完美但是初心纯净的自己，包容看不惯、不喜欢但本质上却如雪纯净的世界。

无人为孤岛，一书一世界。愿你不再孤单，愿你因读书而上岸。

你对待遗憾的态度，决定了人生的高度

01

电视剧《三生三世十里桃花》里，有一个情节是男主角夜华挖素素的眼睛。不知为何，看到那一幕，我忍不住哭出了声。

因为在那之前，朋友刚问过我，“如果我以后再也看不到了，你会做我的眼睛吗？”

她说这句话的时候，正躺在医院的病床上贱兮兮地笑着。我当时鼻子一酸，眼泪差点下来，医生说她复明的概率只有百分之零点几，也就是说，几乎不可能。

她得的是一种很罕见的眼科疾病，我连听都没有听说过。难过得一塌糊涂却什么都做不了，但她特别乐观，还安慰我说：

“人们活在世间或去世，唯一的区别就是有没有遗憾，如果没有，那哪天走，其实只是时间的变化和空间的转换而已。所以你看，有遗憾不见得是件坏事。我可能遗憾自己失明，但同时也更珍惜生命。”

她的话给了我很大的触动。我在想，如果说人生本就是一个吐故纳新的过程，那么遗憾，就是得不到的和已失去的。

从这个角度来讲，遗憾就是一种新生。人只有在得不到的时候才会努力，在失去以后懂得珍惜，也正因为有了遗憾，我们活过的印记，才更加刻骨铭心。

每年 4 月 1 日的时候，人们都会以各种各样的形式怀念哥哥张国荣。他的一生就像他的歌词一样：“春天该多好，你若还在场。”

他像烟火一样绽放，却在最璀璨之际，戛然而止，从此人世间便多了一种遗憾，叫作张国荣。

这种遗憾，既深入骨髓又超然永恒。

就像《火影忍者》里的宇智波鼬一样，他是一个 8 岁就开启三勾写轮眼的天才忍者，为了保护自己的弟弟和深爱的木叶，不惜背上灭族的罪名，忍受着木叶对自己的误会、憎恨与咒骂，一生孤独。最后更是为了成就自己的弟弟，牺牲了自己。

他是《火影》里最悲情的角色，也是最让人遗憾的存在，但同时也是最成功，最伟大的角色，被火迷们奉为“鼬神”。

正如人们所言：遗憾彰显出悲壮之情，而悲壮又给世人留下一种永恒的力量。

试想，如果没有这样的遗憾，我们该站在哪一个坐标上期盼并且守望？我们的收获以及幸福，又能用什么来细细衡量？

02

小时候看电视剧，总会有男女主角擦肩而过的镜头，身为局外人的我们总是急的尖叫跺脚，默默地难过好多天。

年少的世界里，认为所有好的故事都应该有一个圆满的结局。

长大以后，渐渐懂得人生不是原本就已写好的剧本，没有谁可以轻而易举便可完美收场。

在过去的人生里，我们总会留下各种各样的遗憾。

近视以后，遗憾当初没有好好保护眼睛；

分手以后，遗憾当初没有抓紧她的手；

读大学以后，遗憾选了一个自己不喜欢的专业；

工作以后，遗憾当初没有好好学习英语，错过了很多机会……

只是你知道吗？真正可怕的从来都不是遗憾本身，而是你一直不敢直面面对的逃避的心。没有谁的人生是绝对完美的，只要你愿意，每一天都可以是新的开始。

曾经在纽约的街头，出现过这样一则有趣的实验：

某个阳光明媚的清晨，纽约街头出现了一块黑板。黑板上有一句话：写下你人生最大的遗憾。

这是新闻网站 A Plus 的一个社会实验，让庸碌奔波的人们停下脚步，说出一直深藏心里，不愿向他人提起的遗憾。起初，路过的行人陆续停下脚步，看着这块黑板思考，有人甚至拿起手机拍照，但是却没有人愿意上去拿起粉笔，写下自己的遗憾。

直到一位背着巨大的单肩包的女生出现。

她用粉笔一字一句地写下：自己最大的遗憾就是，没有去坚持当初对艺术的热情。

当第一个人开始直面面对，路人也陆续开始拿起粉笔，在黑板上写下自己生命里最大的遗憾。

没过多久，上面布满了各式各样的人生遗憾。

“没有跟我最爱的女孩说出我爱你。”

“没有拿到我的 MBA 学位。”

“没有逃离我的舒适圈。”

“没有在爸爸去世前让他抱到孙子。”

“没有申请就读医科大学。”

当黑板逐渐被这些遗憾填满，你会发现，人们为之后悔的事都有着一个共通点，这些遗憾里，几乎都有着一个“not”或是“never”。

“没有及时把握的机会。”

“没能说出口的话。”

“没有去坚持的梦想。”

而最后，工作人员给了他们一块黑板擦，他们将满屏的遗憾，擦得一干二净，就好像从来都不曾存在过。其实，这些遗憾，从当初他们决定写出来的那一刻开始，就已经在渐渐地消失。

原来，人生里并没有所谓的遗憾，每一天都是全新的开始。

空白的黑板就是我们所向往的理想的国度。生命的齿轮不断地往前推进，而我们必须具有时刻清零和刷新的能力，才能在人生这张纸上，继续书写五彩缤纷的人生。

03

遗憾无时不有，无处不在，它甚至和我们的生活息息相关，眨眼之间，就有可能遇到遗憾。

看到一张从来没有见过的风景插图，觉得特别美特别震撼，却没有亲身游览过风景区，这是一种遗憾。

但是，当你身处插图所描绘的风景中时，又会发现，其实那种美，不过是缘于自己的想象。这时候，遗憾本身就变成了一种美丽。

遇到一个自己特别喜欢的姑娘，打算买一束她喜欢的花送给她。但是突遇一场大雨，你们都淋成了落汤鸡，被迫躲进了路边的凉亭里。

风很大也很冷，约会的计划也被打乱了，但是你看到了她湿漉的秀发和半透明的衬衣，美到终生难忘。这时候，遗憾本身就变成了一种惊喜。

你看，一帆风顺的人生，会缺少不期而遇的惊喜。当生活总是尽如人意，我们也不会懂得珍惜。换个角度想一下，遗憾又何尝不是一种别样的美？这种美甚至比完好无缺更加珍贵。

我们之中的多少人，因为追求完美，追求没有遗憾的人生，而在滚滚红尘中常年守望，洗却铅华背后的心殇。又有多少人因为一点点的缺陷和不完美，日日夜夜如鲠在喉，禁锢了自己，伤害了他人。

佛曰：这是一个婆娑世界，婆娑即遗憾。当昨日渐远，你就会发现，那些曾经以为再也过不去的遗憾，不过是生命中的一块跳板。

跳过了，人生将会收获另一番景象；怯懦了，生命也依然会随着时光的推移而前行，只不过，景致有所不同。

如果说没有遗憾的人生，是一条人人向往的康庄大道，那有遗憾的人生就是一条惊险刺激的羊肠小路。前者宽阔平坦，但不够深刻，后者危险迷人，但回味无穷。

而无论怎样，都希望我们能过一场酣畅淋漓的肆意人生。

曾经在知乎上看到一个很火的问题：有哪些可以令人清醒的句子？其中一个回答是：

我 38 岁那年，琢磨着要不要去读两年的放射线照相术大专学位，然后我跟我朋友说了这事，“我觉得自己太老了，等拿到学位时，就

40岁了。”

朋友说：“如果你不去读，你还是会40岁，一个没有学位的40岁。”

我现在已经60岁了，那个学位证改变了我整个生活。

这个回答曾无数次地激励着我，每当我陷入漫无边际的泥沼里，都会有一股不知名的力量，鞭策着我咬着牙在黑暗里摸索前行。

而当我真的开始在前进的道路上摸索的时候，才开始懂得，从来都没有什么长夜漫漫，你只管一路勇敢前行，自然会有人为你掌灯。

生命只是沧海之一粟，然而却承载了太多的情非得已，聚散离首。所有的遗憾都可以入心且无声，像长了翅膀，在偌大的心灵世界里自由飞翔。它可以是美好的回忆，也可以是痛苦的煎熬，带给人的是对生命更多、更深刻的感悟。

人生的这条路，会有枝繁叶茂的大树，鲜艳夺目的花朵，也会有巍峨的高山和荒凉的沙漠。我希望很多年以后，回首自己的一生，可以微笑着对自己说：“我有遗憾，但是遗憾过后，我曾坚定地好好生活，我不后悔。”

这一生，我交给了自己，一份十分满意的答卷，这就够了。

那么从现在开始，擦掉人生中的遗憾，将自己的黑板清零，去完成那些还未完成的梦吧。

而无论怎样，都请允许自己过一场酣畅淋漓的肆意人生。

若有斗志藏于心，岁月从不败少年

01

我所住的小区附近有一条江，晚上有很多人在江边跑步。

说来奇怪，常年把跑步当成日常习惯的人，大多看不出年龄。他们大都一副意气风发的样子，甚至因为有肌肉，看起来格外年轻。

有天晚上，我换上运动鞋兴冲冲往江边跑，但没多久就泄气了，很久不运动，一跑起来就喘得不行。于是就慢悠悠地一边散步，一边玩手机。

就在我玩手机的时候，一位男士跟我说了一句话，原因是我差点撞树上。

他拉着我的手臂，急切地说："小心！"

我抬头感激地看着他，连连道谢。

他笑着说："你们年轻人就是喜欢玩手机，连路都不看了，这样多危险啊。少玩点手机吧，多锻炼锻炼身体，只有好处没坏处的。"

我心想这人真能说大话，张口闭口我们年轻人，他又能比我们大到哪去？就笑着调侃他："应该说咱们年轻人，你不也跟我差不多大。"

然后他哈哈大笑起来，说："小姑娘真会说话，我孙女都跟你差不多大了，论年龄，我应该是爷爷辈的了。”

原谅我大脑短路，当时惊讶得愣是没说出话。

后来我们加了微信，才知道他带给我的冲击远不仅如此。一个年过半百的老人竟然长着一张 20 岁的年轻人的脸，而且，他还爱好蹦极！

年轻人敢玩的他敢，年轻人不敢玩的他也敢。一个从不泯灭斗志并且对生活保持热爱的人，岁月怎么舍得让他老呢？与其说岁月偏爱他，倒不如承认是他偏爱自己。

真是应了那句，若有斗志藏于心，岁月从不败少年。

02

想起 2017 年 4 月初去三亚的经历。

当时特意去乘了小船漂在海里。说来奇怪，使我感到惬意的不是阳光和海风，而是和老船长只言片语的交谈。

大概因为长年在海里飘荡，他的皮肤格外黝黑，戴着一顶老旧的草帽，海风吹来的时候，总是使我想起那首《外婆的澎湖湾》：

“外婆的澎湖湾，有我许多的童年幻想，阳光、沙滩、海浪、仙人掌，还有一位老船长……”

我跟他说，我希望以后也能像他一样常年漂在海里，和我的小船一起，慢慢老去。我觉得我现在就很老了。

然后他就笑了，说：“你们这些年轻人啊，总是喜欢把‘老了’挂在嘴边，真正的老从来与年龄无关，而是心态。不信你看，看到了吗？远处那个正在游泳的人，你猜得出他的年龄吗？”

我顺着他手指的方向看过去，映入眼帘的是一个像鱼一样自由游荡的人，隐约还能看得出手臂上结实的肌肉。

我说，看不出来，大概 40 多岁吧，看他身材真好，还有肌肉呢。

船长说："我就知道你会这么说，其实啊，他已经 70 多岁了。每天都会在海里游上一会儿，这些年从未间断。身体好，心态也好，这样的人，是会永远年轻的。"

我惊讶得合不上嘴巴，一改心中 70 多岁弯腰驼背头发花白的老人形象，心中万千感慨久久不能平静。

03

什么是年轻，什么又是年老呢？

有的人 20 多岁就"死去"了，直到 80 岁才被"埋葬"；有的人一生都不会老，直到离世都是一副少年的模样。

于是我想，年龄从来不是区分一个人年轻或者年老的标准，真正的标准是对于生活和生命的态度。只要有颗热爱生活的心，就一定是饱含激情，乐观向上的，那么这样的一颗灵魂，必将永远年轻。

就像我遇到的那个"少年"，70 多岁还能在海里自由游荡，头发花白还能攀岩跳伞，脸上布满褶皱还能征服一座座山峰丘陵……

他们的人生永远充满新奇，充满面对未知的勇气，充满无数的挑战和机遇。他们用自己的实际行动告诉岁月，只要奋斗不息，少年将永不老去。

想到这里，我的心中渐渐地被惭愧塞满。

我们这一代人，总是那么容易地就将"老了"挂在嘴边，摆出一副看破红尘的样子，其实从未真正地“年轻”过。要知道，空有年龄上的年轻，不是年轻，最多只能是年龄小。

那么，怎样才能算是真正年轻的活过呢？对于我们每个人来说，就是生生不息地为了更好的自己不懈地努力，永远保持激情，永远热爱生活，永远不忘初心，永远保持向上的姿态。

04

总是以为自己老了，究竟有多可怕？

放眼我们身边，其实不难发现，“老了”是一种极其消极的生活状态，意味着不再保持好奇心，不再有激情，不再对于未知寄予希望。

例如这几种情况，你一定不陌生：

“下班去唱歌啊？我们玩通宵吧，好久没有放松过了。”

“不，不去，老了，扛不住了，我要回去睡觉。”

“那个女生不是你的女神吗？她一直单身呢，你快去追啊。”

“不，不去，老了，哪还有那个激情啊，我现在只想多挣点钱，然后以后可以安度晚年。”

“去玩游戏啊。”

“不，不去，没意思。”

看到比自己小的，哪怕小一个月，都会觉得有巨大的鸿沟。你会觉得她的皮肤特别好，一点皱纹都没有，而自己的脸上没一点光彩。

有很多兴趣没有实施，觉得自己老了，学什么都晚了，也没用了。有很多没有实现的理想也不敢去努力了，害怕失败，害怕浪费时间，于是就守着一成不变的生活，慢慢腐烂。

因为觉得自己老了，所以对于未知的东西不再有兴趣，面对自己喜欢的人不再有勇气，面对不喜欢的生活不敢做出改变，对自己的容貌不自信，盲目地否定自己。

而我们大抵都忘了，真正的苍老就是以为自己老了的那种心态啊。老不老从来都是自己说了算，只要你愿意，你将会永远年轻。

保持激情和向上的心态，哪怕到了 80 岁，依旧可以去追求自己想要的东西，去做自己感兴趣的事情，不断地发现未知的可能，保持新奇，这样的人，岁月又怎会忍心让他老去?

05

你可知道，现在的每一天，都是未来日子里最年轻的一天。

时间从来不会成为任何限制，想做什么就去做，留下遗憾永远不是最可怕的，最可怕的是让自己后悔。

记得李开复曾经说过：

“中国社会有个通病，就是希望每个人都照一个模式发展，衡量每个人是否‘成功’采用的也是一元化的标准：在学校看成绩，进入社会看名利。真正的成功应是多元化的。成功可能是你创造了新的财富或技术，可能是你为他人带来了快乐，可能是你在工作岗位上得到了别人的信任，也可能是你找到了回归自我、与世无争的生活方式。每个人的成功都是独一无二的。”

成功或者失败都是相对而言，而不是绝对的。不同的人对于成功会有不同的看法。在我看来，并不是家财万贯才是成功，能永远保持年轻的心态更是一种成功。

只要心态年轻，就会永远对生活抱有希望和热情。一个热爱生活的人，是永远都不会老的，而这，就是最大的成功。

只要奋斗不息，青年将永不老去，只要愿意，我们都可以。

五 愿你历尽千帆，依旧不忘初心

家在哪里，
胃最清楚

01

小时候特别贪玩，每天放学都要跟小伙伴们玩到很晚，那时候邻居家的阿姨经常对我说的一句话就是："怎么还在玩？你妈喊你回家吃饭了。"

我继续玩我的，直到饿得不行才慢悠悠地往家走。

长大以后，我妈再也没有喊过我回家吃饭，邻居家的那位阿姨也渐渐失去了联系，而故乡于我来说，早已没了冬夏，甚至过年，都很少再回家。

日子过得好不好，胃最清楚。

记得 2013 年 9 月，我踩着夏天的尾巴只身一人来到广州，眼前的一切都是新鲜的，充满希望的，即使听不懂粤语，内心也依旧充满欣喜。但一切也是陌生的，让人濒临绝望的，因为我对这里的饮食，极度抗拒。

习惯了北方的秋高气爽，在南方的艳阳天里，一度失了方向。

完全无法融入这里的一切饮食，于是便一连吃了一周的泡面，最后直接导致食物中毒，住进了医院。军训的时候，三番两次地晕倒，整个人虚弱得像要随时死去一样。

想家，特别想。那时候最害怕的就是妈妈的电话，因为只要听到她的声音，便忍不住失声痛哭。为了不让她担心，我只能学着撒谎。

真的，在我有限的人生岁月里，从来没有哪个时候，像当时那样强烈的想家了。原来，一个人的饮食习惯，就是他的归属感，家在哪里，胃最清楚。

这个是骗不了人的。生你养你的土地，永远都是你的根，而根的附近缠绕着的藤蔓，就是我们永生的亲人，忘不掉，也逃不了。

02

不曾离家的人，不会懂得乡音的亲切；不曾失去的人，也不会懂得拥有时有多幸福。

说出这句话的时候，朋友瑶瑶正在美国的旧金山，她满腔热血地去留学，一心攻读服装设计，但短短几个月，她便沮丧地败下阵来。原来，她一直都高估了自己对孤独的承受能力，对情绪的把控能力，以及独立在外求生的能力。

每一个在外留学的日子，都是对故土和亲人蚀骨思念的日子。这种日子，度日如年。特别是饮食方面，努力适应了很久依旧吃不习惯，整个人的精神状态低到极点，积攒了很久的玻璃心，一碰就碎了。

那时候的她一边上课，一边同时打两份工，有时候忙到完全忘了时间，也忘了吃饭，即使吃也完全没有胃口，因为她的身体一早就开始抗拒。于是很快，她就虚脱了，整个人瘦得只有八十几斤。

但没有办法，路是自己要走的。

总不能像小时候那样，不喜欢做一件事，或者不喜欢一个地方，就在地上打滚撒泼，跟大人们说，我不要做，我要回家。作为成年人的我们，很多时候都必须要为自己的选择负责。有得必然有失，想要留学学习自己喜欢的专业，就必然要忍受不想忍受却不得不忍受的一切。

在那段时间里，对她来说最大的安慰就是可以拖着疲惫到几乎没有知觉的身体，到唐人街里走一走，看一看，坐一坐。

听一听国人的声音，再吃一碗热腾腾的面，就是对自己最高的奖励。

因为只有这里，自己的心才能暂时有所归属，胃才会稍稍妥协。这里是忙碌聒噪的灵魂背后，停泊的一只小舟。

那时候，她总也不敢往家里打电话，因为只要听到妈妈的声音，就会忍不住哭出声来，毕竟她最怕的，就是家人的挂念。

好在现在已经过去了，现在她已经渐渐适应了那里的生活，但每每回国，都要流连很久不肯走，吃遍家乡的大街小巷，记住那个味道，以便日后长久回味。

有多爱国，多爱家，这种感受，离开过才会懂。

每一个离家的孩子，都是在风中漂泊的风筝，无论飞多高，走多远，无论外面的世界多精彩，多光鲜，都永远无法忘怀，妈妈煮的那碗面。

因为那是风筝的线，写满了牵挂和思念的线。

03

有位读者在后台留言说，自己曾经就是因为一碗面而失声痛哭。

那是一个冬天，下着很大的雪，她加班到很晚，又累又饿，于是沿街走着，想随便吃点东西就回家休息。

街道的拐角处，新开了一家面馆，她走了进去，叫了一份家乡的面，吃着吃着，眼睛就湿了。

这个味道，就是小时候妈妈的味道。

她忍不住去问了老板娘，才知道她们是同乡。老板娘很好客，热情地跟她聊了很久。这期间，她一直盯着老板娘的手，那双手因为长期劳作而生满了老茧，有的甚至裂开了，胡乱地裹着一个创可贴，看着看着，心就酸了，心酸了以后，眼睛就湿了。

将记忆拉回到 1990 年，那时候的妈妈也是这样的一双手。

小时候家里穷，爸爸外出打工，常年不在家，后来听村里人说，爸爸在外面又重新组建了新的家庭，不要他们了。

妈妈什么都没说，东拼西凑地借钱开了一家裁缝店，买不起缝纫机，就用手一针一线地帮人缝补衣服，手上生满了老茧，裂开，流出血来。妈妈总是说，这没什么，一点都不疼。然后胡乱找来一块布裹在手上，等到晚上，布跟肉长在了一起。她曾亲眼见过，妈妈偷偷地背过身去，流下了两行泪。

就是这样，妈妈靠着微薄的收入补贴家用，给姐弟两人交学费。

弟弟是脾气最不好的，动不动就哭，因为妈妈总是让他穿姐姐穿过的衣服。小时候还好，可上了小学，懂得多了，就不愿意了。他最怕的就是班里的女同学嘲笑他，说他是女生。小小的年纪，竟也明白何为自尊心。

于是，妈妈只能缝更多的衣服，挣更多的钱，才能在过年的时候给他添置一件新衣服。弟弟开心好多天，连睡觉都抱着。

现在弟弟长大了，那件衣服也一直被他珍藏着……

“闺女，闺女？想什么呢？这么出神。”阿姨温暖地笑问她。

“没，没什么，阿姨，刚刚我们说到哪儿了？”她调整思绪，继续跟阿姨聊下去。

阿姨说，她的女儿嫁到了外地，很久都不能回来一次，她很想女儿，不知道她在那里吃不到妈妈做的饭，会不会有点不习惯。

她一边安慰着阿姨，一边羡慕着她的女儿。原来，被人牵挂，竟然是这样的幸福。虽然她只是一个陌生的过路人，虽然这份爱意不属于自己，但只是途径了它的开放，身上就满是芳香。

那天晚上，她们用家乡话聊了很久，回去以后，她也默默地哭了很久。

因为没人知道，那天是她妈妈去世三年的忌日。自从没了妈妈，再也没有人问过她，在外面是否吃得饱，穿得暖。

她一个人离家多年，虽然在现在的城市逐渐站稳了脚跟，但却始终无法找到归属感。一个偌大的城市，竟然容不下一颗想要安定的灵魂。

记得刚来北京打拼的时候，穷到连泡面都舍不得吃，她又有胃病，有一次生病住院，妈妈二话不说，直接坐 20 多个小时的硬座从家乡赶来，只是为了看她一眼，为她做一顿饭。

没有人知道那顿饭与她来说意味着什么。

外面的世界无论多热闹，多新鲜，都永远比不上妈妈做的任何一顿饭，不只是因为那个味道养她长大，更是因为妈妈对她的爱，始终无可替代。

毕竟，我们吃饭不只是为了活着，更是为了感受人世间的那抹烟火味。每一顿饭的背后，都凝聚着一个家庭的爱以及期待。

哪里的饭最好吃？答案永远是：家里的。而家在哪里？胃最清楚。

04

“家是一只船，在漂流中有了亲爱。”

初次读到周国平的这句诗的时候，年纪尚小，不懂得漂流的意义，等到长大以后，懂得了，却很难再回去了。

每一个家都是一条小小的船，却要承载着我们走过无比漫长的岁月。岁月无论如何不会倒流，而我们也要一直不停地往前走。

前方是完全陌生的水域，但无论是风平浪静，还是波涛汹涌，都没有关系，因为脚下踏着的这条船，我们熟悉。只要熟悉，就永远不会感到害怕，因为家就是我们最大的底气，有了家，无论在风雨中怎样漂泊，总会归舟。

他们不只是我们的亲人，还是我们的根。

无论是贫穷还是富裕，那个养育我们长大的家，就是此生最大的牵挂，这种感觉只有在离家以后才会懂得。

就像刘同曾经说过的那样：

“读书的时候，总想着离家越远越好，觉得那才是独立。工作多年之后，却恨不得每个周末都回家，因为除了家，似乎哪里都没有踏实落脚的感觉。每个人在不同的年龄都有不同的追求，只有尽力追逐过，才能果断地选择回头。回家的路一直都在，只要心里有爱，家也一直都在。”

我知道你不怕苦，只是千万别忘记回家的路。

毕竟，家在哪里，胃最清楚。

因为我只是普通人家的孩子

01

一个姑娘朝着马路的正前方，一直倔强地走，一边走一边流眼泪。

不知道走了多久，直到把天走黑，路灯走亮，一次都不曾转身，也不曾回头。

朋友说她这不是第一次跟父亲吵架，也不是第一次离家出走，好像从小就习惯了这种陌生。

父亲是一种什么样的形象，很多人都说像一座巍峨的山。但是在朋友心里跟别人是不一样的，她觉得父亲更像是一片海，他们就这么隔在两端，生生地站成了岸。

即使是零沟通，朋友心里依旧是确信的，父亲比世界上的任何一个人都要爱她，只是父亲从不善于表达。

很多年以后朋友才明白，她曾经所理解的父亲对她的种种残忍，也不过是忍痛将她推到人群里，为了让她活得更独立更坚强。

02

这次发生口角，一定只是缘于误会，她想。

朋友一直都是个特立独行的人，自己能搞定的事情从不与人说，即使是父母。所以这次换工作，除了她自己以外，没有任何人知道。

昨天下班，当她拖着疲惫的身子回到家，想到还要连夜赶策划案，想死的心情都有了。所以当父亲突然对着自己劈头盖脸一顿大骂的时候，彻底蒙了。

她的父亲说："你只是普通人家的孩子，我们没有本事给你更好的条件去生活，这是我们的错。但你是成年人了，你要懂得为自己负责，你没有可以任性的资本。为什么总要那么大脾气，在公司受了点委屈就要辞职，你就那么娇生惯养吗？你以为除了我和你妈以外，还有谁会真的惯着你？不要遇到点挫折就想着退缩和逃避，这样的话永远解决不了任何问题，反而会助长了你临阵脱逃的脾性。你说你这是什么毛病啊，说辞职就辞职，谁给你的勇气？"

朋友一头雾水，被骂得眼冒金星，眼泪瞬间夺眶而出。这段时间所有的委屈一下子全部涌了出来，只觉眼前一黑，没了知觉。

等她缓过神来，自己已经背着包走出了家门，身后回响着父亲的声音："你走吧，你走了以后就再也不要回来，我就当没有你这个女儿。"

于是，朋友就沿着马路一直走，虽然看不到尽头，但脚下的路告诉她，不要停，你还年轻，要走就走到灯火通明。

身边是川流不息的车辆和呼啸而过的风，昏暗的路灯是这座城市用来呼吸的面孔，只是它发出的光过于牵强，永远不能将人心照亮。

这座城市始终是孤独的，每个人都有自己难解的心事和不得已的苦衷，而这些言不由衷从来都没有人懂。因为每个人都很忙，每个步伐都走得匆匆。

城市是孤独的，人也是。没有人会停下来问你是否开心，只有人在意你何时到达。

03

我不知道怎么安慰她，即使我跟她一样，也只是普通人家的孩子，一个因为身后空无一人，从不敢轻易倒下的孩子。

没有人是完美的，父母也一样。即使他们用着很笨拙的方式，也要相信他们的初衷，不过是因为爱你。

不知道有多少人曾经怀疑过自己不是亲生的。我就有过，而且是经常有。

之前我就说过，我从小就被父母放养，所以格外独立，以至于很多人不相信我的年龄。而只有我自己知道，独立不过是因为曾经受了足够多的委屈。

上学的时候，我的父亲不知道我上几年级，毕业以后不知道我做什么工作，那个疑似不是亲生的孩子，就是我。

只是，当我遇到难题不慌不乱的时候，遇到意外心如止水的时候，面临抉择沉稳淡定的时候，面临失去云淡风轻的时候，我才真正懂得父亲对我的期许。

父亲曾经狠心地将我一把扔进谷底，不过是为了使我有一双能独自抵挡风霜的翅膀，而这双翅膀，即使无人同行和相助，依旧可以自由飞翔。从不攀附，从不依靠。

因为我们都是普通人家的孩子，我们不会因为撒个娇就会轻易得到自己想要的，也不会因为卖个笑就可以走捷径，瞬间柳暗花明。

这世界总是步履匆匆，止步不前本身就是在后退了，何况我们还是站在比别人低很多的起跑线上呢？

所以，我们只能在别人休息的时候多想几个方案，多画几张图，多写一些字，为自己的未来增添一份可能，多一份保证。

人们常说，有伞的孩子可以在雨中漫步，欣赏这座城市的风景，而没有伞的孩子只能一直不停地往前奔跑。

他们的安全感，不过是奔跑的时候，从一个又一个布满泥泞的脚印里踏出来。

04

我们可以埋怨这个世界的不公，毕竟有些人一出生就可以一生无忧。但是，我们不能将此当作逃避的借口，即使我们出生在一个普通的家庭，至少我们还能依靠自己的双手。

因为当你埋怨自己没有鞋子穿的时候，还有很多人没有脚。所以，永远不要跟人比惨，那是懦夫的表现。不满于现状就努力地去改变，只有废物才会永远抱怨。

也不要责怪父母没有给你更好的生活条件，毕竟他们给你的爱一分都没有少。而你也一样没有通过自己的双手，给他们更好的生活，不是吗？

我们的父母却从不曾怪你没有别人的孩子有出息。真的，他们从不怪你，他们想要的，不过是你过得幸福。

“哪有那么多时间去难过，那是有钱人才配享受的奢侈生活。穷人还要挤出时间去改变现状，去挣钱。”

说这句话的时候，朋友已经回到了家。其实她哭从来不是因为生父亲的气，她只是气自己。

气自己没能让他们无忧无虑，如果自己足够成熟足够出息，父母的一切担心都会是多余。说到底，不过是因为自己不够强大。

没关系，真的。这是个光怪陆离的世界，每个人都有着自己的千疮百孔。我们努力地粉妆玉砌，活得花枝招展，只是为了掩饰虚荣心和自卑感。因为真正的“厉害”，从来都不是强势碾压，金光闪闪。

它是一种根植于内心和灵魂的沉稳和内敛，不张扬，不炫耀，不依靠，不寻找，但是你总会感受到，它无所不在的气场。

所以，都没有关系，虽然我们暂时不“厉害”，但是却把握着许多变得“厉害”的可能性。相比于那些粉妆玉砌的外表，更希望我们能做真实的自己，享受当下的每一分钟，好好工作，好好生活。

即使你是一只萤火虫，也要相信自己有温暖整个世界的力量，并且要为这种力量随时准备着，总有一天，会发光发热。

是的，我们是普通人家的孩子，但是却可以让父母成为引以为傲的人。不要一边抱怨一边又无力改变，尽管放下包袱，努力地向前奔跑，总有一天，你会得到自己想要的。那个时候的你回首曾经的委屈，会觉得根本不值一提。

所谓家人一场，不过是相互“说谎”

01

我曾经发现一个秘密，是妈妈和孩子之间的秘密，还被这个秘密温暖了好多天。

这个秘密源于公司的保洁阿姨。她向来不善言谈，但做事特别踏实，公司的人都特别喜欢她。她笑起来很温柔，很容易便让我们想起了妈妈。

有一次我去得太早了，公司还没开门，到的时候发现阿姨已经等在楼梯口了，便跟她聊了起来。特别是保洁阿姨聊到她女儿的时候，让我一点都不觉得阿姨是一个不善言谈的人，不仅眉飞色舞，整个人变得生动起来，连眼睛都在发光。

她说：“你知道吗？我的女儿啊，很优秀的。她还不满 13 岁，就获得过芭蕾舞大奖呢。她特别懂事，总是很心疼我，很会体谅我、照顾我。她就是我活着的全部动力呢，只要一想到她，我全身都充满了力量。”

原来，阿姨在很年轻的时候就离婚了，自己一个人抚养女儿长大，眼看着女儿一天天变得优秀起来，自己怎么能不开心呢？

每次我都很认真地听她说，同样是身为女儿，我为什么从来没有让妈妈骄傲过呢？我的妈妈或许从来都没有在外人面前夸过我吧，毕竟从小到大，带给她的痛苦远比欢乐要来得多。

纵观我这些年，也着实狼狈。小时候调皮，上学逃课，毕业以后又没有满意的工作，这样任性又不懂事的我，妈妈不生气就算好了，又怎么会因为我而感到骄傲。

于是，我沮丧地跟阿姨说："您真幸福，如果我也是这样优秀就好了，我妈肯定也会很开心，也会逢人便夸我。她一直都很嫌弃我的，我总是让她有操不完的心。"

阿姨轻轻地笑了笑，语重心长地跟我说："傻孩子，天底下哪有不为孩子感到骄傲的父母呢？你们的出生对我们来说本身就是骄傲了。没有哪个妈妈不爱自己的孩子，只是有些不在嘴上说而已。我在女儿面前，也从来不会夸她，总是对她很严厉，只有这样，她才不会养成依赖的性格。我想让她从小就很独立，明白生活的不易，这样，以后哪怕离开了我，也可以生活得很好，因为我不可能陪她一辈子的，我迟早会先走。"

话题有些伤感了，我急忙转移话题，自己好像突然明白了很多。

原来，妈妈们才是世界上最大的骗子。她们总是恰如其分地躲过好听的话，然后用她们自己的方式，来传递对我们的爱和关怀。只是我们这些愚钝的孩子，总是要很久以后才懂得，那些被谎言包裹着的爱，一直都在我们看不见的地方，发着光，指引着我们一路前行。

长大后的我们，大概就像她们一样吧。

小时候总是跟父母说没钱了，使尽浑身解数要钱买零食，无论多少都不嫌多；但长大以后总是跟父母说还有钱，说我们过得很好，不要让他们担心。这些谎言就在我们身边，但是我们之间的爱却从未走远。

02

记忆中，我们小时候如果很喜欢吃一样东西，那么肯定是妈妈不喜欢吃的。

她总是会说“我不爱吃这个，给你，都给你，快吃”，一边说一边拼命往你碗里夹。那时候妈妈最喜欢吃的就是我们不爱吃的鱼头、鸡爪，以及啃剩下的排骨。

我们读书以后，她总是省吃俭用，不舍得给自己买新衣服，不舍得犒劳自己，总是在电话里跟我们说：“你没钱用了尽管说，该吃就吃，该买的就买，千万别委屈自己。”

我们工作以后，离开了生养我们的家乡，也离开了妈妈。虽然她嘴上不说，但是我们总能感受到她无处不在的牵挂。特别是在电话里，总是再三叮嘱我们：“不要担心妈妈，妈妈身体很好，你好好工作就行了，别太累，照顾好自己。”

她总是在骗我们，每次说要给她带礼物，总是百般推辞，说浪费钱，不要买，自己好好留着。但是收到礼物以后，却开心得像一个孩子，恨不得逢人便说，这是我女儿买的，女儿长大了，知道孝顺了。

她总是在骗我们，说自己不累，说自己一点都不辛苦。但是她却不知道，她手上的老茧早就出卖了她拙劣的谎言。

只是我们这些愚钝的孩子，总是缺少识别谎言的能力。一次又一次地受骗，一次又一次地让她得逞，一次又一次地允许她牺牲自己，来成全我们。

就像电影《缝纫机乐队》里程宫的母亲一样，当程宫为了追求心中的摇滚梦，受到各种各样的阻挠时，母亲的支持是最让他心痛的，因为他一生都还不完母亲的亲情。

母亲为了把他送进音乐学校的大门，将家中唯一的缝纫机搬到街上，帮人缝补衣服。一脚一脚“踏出”他的学费，“踏出”对他梦想的支持，也“踏出”一个母亲所能给孩子的最好的爱。

他的母亲是现实生活中大多数母亲的缩影，即使不会说很多好听的话，但情深似海一点一滴都在行动里。

我们追求的是梦想，而母亲的梦想，却是我们。

03

前些天跟一位读者聊天，让我特别伤感。

她的妈妈生病了，她从来都没有哪一刻像这次一样不知所措。妈妈的身体平时挺好的，怎么就突然病倒了呢？每次在电话里妈妈都说自己没事，说自己的身体特别好。不知从什么时候开始，记忆中那个年轻漂亮的妈妈已经变成了一位年近半百的妇人，她的身体一点都没有她所说的那样好。

这位朋友忽然就很惶恐。

她说，自己特别害怕成长的速度赶不上父母老去的速度，一直都很想努力的打拼，给父母好一点的生活条件。父母操劳了一辈子，总是希望他们的后半生，少些辛苦，多些安心和幸福。

说到“老去”两个字，我的心忽然被揪了一下，七上八下地不知往哪里安放，不敢往下想也根本不知从何去想，因为记忆里的爸妈，一直都是年轻时的样子。

只是这些年，不知道发生了什么，我们尚且没有成家立业，没有在所向往的大城市里站稳脚跟。在我们摸爬滚打的时候，白发和皱纹竟然偷偷地爬到爸妈的头上和脸上了。

时光真是世间最残忍的东西。

爸爸将我们扛在肩头上的时候，我们不会想到他头发花白的那一天；妈妈抱着我们唱安眠曲的时候，我们也不会想到她脊背直不起来的那一天。而那一天早已变成了今天，在我们尚未做好任何准备的时候，猝不及防地到来了。

父母将我们捧在手心里呵护着，我们长大了，他们也变老了。

失去以后才懂得珍惜吗？并不是这样。我们始终都害怕失去，每时每刻都想要加倍地去珍惜。

因为我们比谁都清楚，有些东西，我们根本就失去不起，必须在还拥有的时候，努力成长，使自己变得强大，然后给他们最好的爱和陪伴。

即使他们从来不在意我们是否风光。但为人子女，即使没有很大的出息，也想让自己的父母在有生之年，能完成心中所愿，幸福且圆满。

04

曾经在网上看到一句话：总有一天，父母不再理解我们所学的东西和所做的事情，他们能做的就是一边让我们照顾好身体，一天天在家里垂垂老去。

每每看到，我都会忍不住泪湿了眼睛，我们能陪父母的时间真的太少了，为父母所做的事情也太少太少。我们越来越不敢直视父母的眼睛，就是因为他们为我们操劳一生，却还在我们已然长大之时，装满心疼。

我们不敢直视，因为我们也很心疼。

曾经无数个日子都在妈妈的谎言里度过，她一年又一年地骗着我们，告诉我们她不爱吃、她很好、她一点都不累、她身体没事。

但是她忘了啊，我们早已不是那个她说什么我都信的孩子了。

我们已经可以强大到洞察她的内心，识别她所有的谎言，也懂得了她所有藏在时光里的深沉的爱。那么现在，我们调换角色好吗？亲爱的妈妈，让我们来骗你，让我们给您所有的爱和陪伴，给您一个幸福的晚年。

我们现在长大了，不要再为我们我省吃俭用，日夜操劳了，请做回那个真实的自己，让所有的谎言随风飘散。买自己喜欢的东西，去自己想去的地方，你们的幸福，才是我们最大的动力和最勇敢的力量。

你们为我们付出了那么多，值得拥有世界上最好的生活，更值得拥有我们这样一群可以引以为傲的孩子。而我们那么努力，那么优秀，也正是因为有你们这样令人骄傲的父母。

那么，亲爱的爸爸妈妈，请不要再对我们撒谎了，我们长大了，你们可以放心地做自己了，换我们来照顾你们吧。

一定要答应我们，如果有来生，不要再撒谎。爱可以有很多种，而能和你们成为一家人，本就是最美的爱了。

天上的星星，看着地上的人

01

人有时候真的是脆弱得不像话。

明明可以一个人闷声走很久的路，不怕苦也不怕痛，就像一个所向披靡的英雄，但偏偏会在一个不经意的瞬间，偶然触动心弦。于是，我们的世界天崩地裂，所有的心理防线瞬间崩塌。

触动心弦的可以是一句话，也可以是一件微不足道的小事，他们的存在就像一颗炸弹，那么轻易地便炸出我们深埋在心里的伤痛。

听人说，悲痛是一颗种子，会藏在心底，等待某一个特定的时间来临，便化成眼泪，流了出来，而那颗炸弹就是催泪弹。

记得有位读者跟我说："我生来就很怕鬼，但是在爷爷去世的时候，就突然不怕了，因为觉得那边有人了。"

他简单的一句话，使我瞬间无处可躲，也无处可想。亲人去世一直是我不敢触及的话题，他们撕扯着我所有敏感而又脆弱的神经末梢，每当我想到失去的亲人，便瞬间泣不成声。

曾经在网络上看到一个博主发起的话题，问：如何从亲人去世的阴影中走出来？几万条评论，淹没了我们所有伪装的坚强。

有位读者留言说：“不确定走出来了没有，也不知道什么叫作真的走出来。只是不会每天都在梦里哭醒了，可是偶尔想到还是会想哭；不再那么敏感冷硬了，可还是没办法和人自然分享；不再有一瞬间的不相信和崩溃，可对这个世界仍有怀疑和悲观。就像前几天回老家，那年四月满眼飘动的绿，我永远都不会忘掉。可是没关系，忘不掉就记得吧，时间总会让你从悲痛中走出来，可悲痛又无处不在。”

时间会告诉我们，悲痛一点用都没有。

我们会不断地怀疑，不断地问自己：我这样做能改变什么呢？坚持不下去了就能去死吗？可是真的没有勇气，没有办法，只能好好地活下去，代替逝去的人去见识更广阔的天地。无论多少年过去，都会依然想念，依然泪流满面，但同时也会更努力地生活，延续他们的希望。

因为我们多活一天，对我们逝去的亲人或朋友想念就会多一天。

02

关于死亡这件事，我有着今生无法释怀的遗憾，十几年的时间里，一直不曾真的原谅自己。

我生于 1994 年 9 月，彼时的北方小城已是满目萧条，落叶纷飞。大概因为如此，才对秋天格外钟情吧。也大概是应了“伤春悲秋”这个成语，骨子里似乎天生有着过分敏感的细胞，总是喜欢在忧郁里涌动。每每跟自己说完生日快乐，树叶就悄悄地铺满大地。我喜欢秋天，也想一直活在秋天里，这样就可以一直忧郁下去，那份忧郁，着实令我着迷。

世间可以有无数个秋天，而我能走过的九月，不过短短几十个。有生之年的九月，我会陪它细数落叶，百年过后，我将化成泥土，变成树叶，长在世间。

人生是一场不可回头的旅途，我们被时光一路推搡着踉跄前行，见过大树和花朵，也见过高山和荒漠。越是拼命想抓住一些东西，越是什么也抓不住。人也好，物也罢，均是过客。

但这些过客，其实就是我们的一生。他们风尘仆仆而来，不带一粒尘埃而去，只是在一个特定的时间里，陪我们度过了一小段路程，离去时决绝的背影仿佛在说，不必追，也不必再等。

骨连于筋，血浓于水，我又怎能站在风中，看着时光离去的背影，欲哭无声？

03

时间就像手里永远握不紧的沙粒，越是用力，越容易失去。记忆也一样，越是想要忘记，就越是清晰。

我曾经说，我不是一个很好的记录者，但比谁都喜欢回首来时的路。在我的成长岁月里，曾经同时失去了两个至亲至爱的人，他们陪我长大，我却无力陪他们变老。

只是我当时尚且年幼，不能完全地体会亲人离去时的切肤之痛。在当时的理解里，他们只是睡着了，睡得特别的深沉，还会在没人知道的时候，悄悄地做一个甜美的梦，等到第二天太阳升起来，还可以跟最爱的人分享。

所以在很长的一段时间里，我迷上了坟墓。

每当刮风下雨，我都会偷偷地跑到村落旁边的小树林，一个人撑着伞立在风中，看雨水一滴一滴地冲刷坟墓，等泥土被冲完，棺材完全露出来，我就去掀开，叫醒里面的人。

如果他不醒，我就一直等，直到他们醒来为止。等他们慢悠悠地坐起身，伸着懒腰，笑着跟我说：“小朋友，你在这儿做什么呢，你为什么不回家？”

然后我笑眯眯地看着他，对他说：“你终于醒了，我在等你醒来啊！等你很久了，我怕你醒来的时候身边没有人，会很孤单，我可以陪你说一说话。”

你看，那时候的我对于死亡没有任何概念，只是觉得睡去的人会孤单，外面刮风下雨，晴天朗日，他都浑然不知，没有人说话，更没有人懂他。

或许，死亡真的是世界上最寂寞的一件事了，真的一点都不好玩。

人们觉得我是一个奇怪的孩子，邻居见我总是一个人望着坟墓出神，怀疑我不正常，就告诉了妈妈。妈妈没有怪我，耐心地开导我说：“你是一个好孩子，有善心，他们会在天上看着你的。”

我问她：“为什么他们要去天上？”

妈妈笑了笑，摸着我的头，说：“因为在天上可以看着地下的人啊，我们想他们的时候，可以抬头看一看天空。特别是晚上，最亮的那颗星星，就是最爱我们的那个人，他们眨着眼睛，告诉我们，他们也想我们。”

那是第一次有人告诉我，失去的人去了天上，而我也坚信了这一点。有了这样的信念，我就不敢敷衍着生活了，怕他们对我失望，怕他们说我不乖。

毕竟，对于孩子来讲，得到夸奖的时候，心里比吃了糖还要甜呢。

04

如今的我已然长大，知道睡去的人永远都不会再醒来，也便不再整日里想着去掀他们的棺材，惊扰他们休息。但是他们一定会换一种形式存在于天地间，静静地陪在我们身边。

只是时至今日，我依旧自责，自责当时自己的亲人逝去时，为何那般固执，固执地认为他们睡着了，以至于没有流过一滴眼泪，没有珍惜他们尚且在世时那段最后的时光。

我是奶奶养大的，但是奶奶走的时候，我真的没有哭。

奶奶得了食道癌，整日不能进食，走的时候整个人瘦到不成样子。她走的时候我还不足 9 岁，上小学二年级，二年级没过完，她便永远不见了。

当时家里人骗我说，奶奶被姑姑接去了城里，享福去了，还说等我过暑假的时候，就可以见到她。

我信了，一直活在期待里，直到长大。

现在已经过去十几年了，当然已经懂得逝去的人不再归来。而那种失去亲人的彻骨的伤痛已被时间冲出了很远很远，如今抬头便是明媚的艳阳天，再也流不出泪来，只留下无边的神伤，常伴身侧。

渐渐地，我开始习惯这种伤痛的陪伴，甚至开始依恋这种感觉。

因为这种莫名的难过不断地提醒着我，一遍一遍地跟我说，“逝者已矣，生者当如斯。珍惜眼前人，珍惜眼前人，珍惜眼前人……”

是啊，既然我们无法让睡去的人醒来，那就不要让眼泪打扰到他们的清梦，尚且陪在身边的人，陪我们走完这一程。我们永远不知道眼前过路的人，会不会在下一秒永远地离开，但是我们却可以在这一秒对他报以微笑，跟他轻轻地说一声，遇见你，真好。

已然逝去的人，更要小心翼翼地护在心里，他们在天上看着我们，他们是天上的一朵云。我们快乐的时候，他们便笑，我们难过的时候，他们便黯然落泪。而活着的人好好活着，才是对逝去的人最好的怀念。

彼此尚有牵挂和想念的生命是永远不会消失的，他们只是换了一种存在方式。要知道，若是爱，又怎么舍得离开。

曾经看过小说里的一段话：死亡，并不是生命的终结。他只是离开所有的不快乐，去到了爱他的人心里。只要你还记得他，爱着他，他就一直留在你心里。无论你做什么，他都可以看得到。所以，只要你一生一世都记得他，那么他的生命，就永远没有终结。

05

电影《乘风破浪》里有一句台词：都是小人物，就别说什么大话了，活着就行。

怎样才算是活着呢？不同的人会有不同的答案。

臧克家曾经说：“有的人活着，他已经死了。”

而我所理解的活着，不是不分朝夕努力改变世界，拯救世人，而是在有生之年，不被世界所改变，为他人着想，但为自己而活。

遇到过怦然心动的风景，写过杜鹃啼血的文章，走过异于常人的孤独的路，也与一个赏心悦目的人并肩前行。在死的时候可以对自己说，我活过，我不后悔，这就够了。

追根究底，我们都只是普通人，我们要爱上荒野上的风声，胜似爱贫穷和思考。要向往远方的田野，然后用尽全身的力气向它的方向飞奔而去。

从此不问过去，不问归期，看透生死，也走完一生。

于宇宙来讲，世间万物均是过客。

有的人走了，也有新的人来。他走的时候，会用背影告诉你，不必追，因为与他来说，或许是另一个轮回的重生。

就像龙应台在散文集《目送》里说的那样：我慢慢地、慢慢地了解到，所谓父母子女一场，只不过意味着，你和他的缘分就是今生今世不断地在目送他的背影渐行渐远。你站立在小路的这一端，看着他逐渐消失在小路转弯的地方，而且，他用背影默默地告诉你：不必追。

所以，你不必等，看着他渐行渐远，内心要格外笃定，如有来生，定会撞个满怀，且会轻轻地说一声，好久不见。

百年之后，我们都会是一捧黄沙，这一生可以供我们“嚣张跋扈”的时间，不过短短几十年。所以，重要的不是何时走，而是未走的时候，如何好好地活。

朝阳冉冉升起时，希望可以足够折腾，足够张扬。夕阳西下时，希望可以内心安稳，没有悲伤。

希望有生之年，可以敬天，且爱人。

内心若是笃定，何惧未知风雨

01

这些天一直在郑州，跟朋友无意间聊起了一位高中的女同学。

她原本是属于那种扔在人堆里，半天都找不到的普普通通的女生，现在却摇身一变，成了一家外贸公司的副总裁。

朋友是在一个酒会上偶然遇到她的，半天没有认出来。相比于她明媚的外表，让人印象更深刻的是她落落大方的气质，那是一种经年沉淀之后的笃定和从容。

她高中的成绩并不算好，相貌平平，极少说话。她总是带着厚重的眼镜躲在教室的角落里，一个人闷头看书。

那时候，很少有人注意到她，她也并不在乎是否有人注意到自己。

高考填报志愿，很多人都填报了离家很近的本省，只有她一个人跑到了北京。那时候很多人都在背后说她，不过考了一个大专而已，还跑那么远，真是够傻。

但时间证明，那个被人说很傻的人，不过是在跟着自己的心在走罢了，而且她身上有着别人没有的东西，那种东西叫作格局。

大学期间，她努力地专升本，考研，考博士，出国……没有闲着过，也没有跟人说过很多，只是一直在做，不停地做。

直到今天，那个在别人眼里很傻的姑娘，终于光芒万丈。

我不知道一个人茕茕孑立，踽踽独行需要多大的勇气，或许她在千难万险的征程中从来都不曾有过怀疑，不怀疑努力的意义，更不怀疑自己。

一个始终都知道自己想要什么的人，是最不会对未来感到焦虑的。因为她内心清楚，只要方向正确，步伐稳健，何时抵达只是时间问题罢了。

内心若是笃定，又何惧未知风雨。

02

那些想半途放弃的人，大都会给自己找千万种理由。但一心坚持的人，理由只有一个，那就是信念。

前天上午，我去郑州某高校拜访了一位朋友，他今年 6 月份本科毕业，现在以优秀毕业生的身份留校当辅导员。

说实话，如果不是亲眼见到，我永远都不知道做老师是一份这么费心又费力的工作，他办公桌上堆积如山的资料，看得我直接傻了眼。

不仅如此，我看到他还有一本写满笔记的厚厚的本子，里面密密麻麻地记着各种总结和心得，具体到周几的几点几分，和哪位同学谈了话，谈了什么，有什么收获……

印象最深的是他和我聊起，他有一位学生，半夜发高烧，凌晨两点他冲进学生宿舍，一路小跑把他背到医院，陪了他整整三天三夜都没合眼，整个人几乎崩溃掉。但看到学生病情好转，所有的劳累都烟消云散了。

辛苦吗？当然辛苦。

值得吗？真正的值得，大概就是不问值不值得罢了。

原本我们以为留校当老师，薪水会很高，不然图什么呢？工作量大，又劳心又伤神，稍微没点耐心就坚持不下去了。无论是身体还是精神，都是高度的折磨，坚持到底谈何容易。

可他说并不是为了这个原因。

留校的薪水远不及普通企业的实习待遇，但他收获到的，远比薪水要多得多。

首先是跟学生的积极沟通，使他更懂得如何处理人际关系。其次是团队建设，各种活动的策划使他思路清晰，更懂得顾全大局。然后就是工作态度，繁忙和嘈杂使他比常人更能沉得住气，等等。

看似这只是一份普通的工作，但走好了这几步，就是为以后打下了坚实的基础。

因为这些深植于内心的处世态度，无论是在以后的工作还是生活中，都用之不穷，受之无尽。

我们这一生，所拥有的财富和名利等一些外在的东西，随时可以离我们而去。但我们为了得到财富和名利而习得的本领，却足够我们一生受用。

而我的这个朋友甘心将自己沉下来，做一个普通的辅导员，也不过是在虚心扎根而已。有自己想法的人，最不容易随波逐流，无论别人怎么看，他都始终坚持内心所守，安营扎寨，步步为营。

03

始终都不知道自己想要什么的人，最容易迷茫和迷失，我有位读者就是这样。

她刚毕业一年，在一家公司做财务。她说：“自己一点都不喜欢这份工作，薪水又低又无聊，心情每天都不好，想换工作又不敢，不换又很烦。”

特别是看到那些当年没有她学习好，但如今却比她混得好的同学，她难过得几乎都要哭了。

我问她：“不喜欢这份工作，可以尝试着换一份，越是勉强自己，工作越是不能尽力。你喜欢什么样的工作呢？”

她犹豫了一下，说：“我也不知道喜欢什么样的工作。”

“小时候吧，喜欢画画，想当一位画家，但听人说烧钱又辛苦，就放弃了。后来又喜欢摄影，但一架好的相机要好几万呢，好贵啊，还是算了。”

“再后来，想写作，就试着投了几篇稿，但陆陆续续都被退回来了。太难了，感觉自己完全没有天赋，根本不是那块料。”

“大学学了会计专业，据说以后容易找工作，然后现在就做了财务。

但自己根本就不喜欢财务啊。这还不是最可怕的，最可怕的是自己根本就不知道自己喜欢做什么。

时间久了，就开始迷茫，不断地怀疑自己，否定自己。

于是，生活就变成了一片望不到边的沼泽地，自己越是焦灼，越是挣扎，就越是往下沉得厉害。

看到别人意气风发地走在路上，自己别提有多慌了。为什么别人的人生都像开挂了一样，而自己只会后退呢？”

听她说完，我止不住地感慨，像她这种情况，又何止是个例那么简单呢？很多人终其一生都不知道自己想要什么，总是看起来特别努力，但总是做不出任何成绩。

那么，究竟是这个世界不公平，还是你自己根本不行？

要知道，一颗心不能做两件事，当你什么都想要的时候，就注定什么都得不到。当你无法专注，再多的想法都只会起到反作用，不仅不会使你的人生变得丰富，还会一点点的消耗你，拖垮你，直到你放弃。

因为你不知道自己的方向在哪儿，越往前走，脚步越是不稳，等风一吹，就直接倒了。

而有自己想法的人就如同开挂了一般。他知道自己想要的是什么，从一开始便已经成功了大半，因为从明确目的的那一刻开始，就已经事半功倍。

反之也一样，如果没有目标，无论看上去多努力，都不过是一盘散沙，这些无法凝聚的力，最容易不堪一击。

所以，如果你感到迷茫，请务必静下心来跟自己对话，明确方向和目的，做出清晰的规划，然后一步步地去努力。而一边抱怨一边又无力改变的你，只会变得越来越无趣。

04

人生一世，草木一秋。

记得《庄子·知北游》中说：“人生天地之间，若白驹之过隙，忽然而已。”

知道这个道理的人很多，但能做到的却很少，否则，生活中又怎会有那么多怨气冲天，郁郁不得志的人呢?

为了改变这一现状，我有以下四点建议。

（1）有自己的人生目标和清晰的职业生涯规划。

（2）一步步地付诸实施，尽管努力，但不着急，不怀疑自己，更不轻言放弃。与此同时，持之以恒的选择热爱和坚持。

（3）养成好习惯。

从日常的生活和工作中，一点点地培养自己成熟的心性和泰然处世的态度。点滴溪水，汇成大海，实现由量变到质变。

（4）试着放大眼界，并且放宽格局。

形成自己的人生观和价值观，待人真诚，为人踏实，有自己的朋友圈和人脉网，安营扎寨，步步为营。

这期间肯定会遇到各种各样的困难，但有个大目标在，就不至于失了主心骨。

把大目标化成小目标，挨个击破。每天给自己一点成就感，只要做出成绩，就没有理由放弃。只要今天的自己优于昨天的自己，就是最大的成绩。

而我们最终都会明白:

经年之后，人欲横流，唯简单笃定，方能不乱初心。

父爱如山，
真爱无言

01

还记得父亲第一次打我，是在我 6 岁那年。

因为我挑拨了奶奶跟妈妈的关系。奶奶说：“你看你妈，总是那么懒，一点都没有为人妻的样子，真的看到就烦。”

当时的我很生气，就一字不差地告诉了妈妈。妈妈跟奶奶吵起来了，生了很大的气，回了娘家，好多天都没有回来。

父亲什么都没说，“啪”的一巴掌就扇在了我的脸上，五个手指印立即红肿起来。说真的，我并不觉得很痛，只是充满了怨恨。

是的，我恨他。他那么维护奶奶，那我妈又算什么？我不允许任何人说我妈的坏话，即使那个人是他的妈妈。

我恨他，因为我觉得他们都是恶人，一个冷若冰霜，一个小肚鸡肠。

02

父亲第二次打我，是在我 14 岁那年，我读初二。

你所能想象到的小太妹是什么样的？吸烟、打架、喝酒、染头发、泡网吧？是的，我全都具备。

跟大部分人的青春期一样，我格外叛逆。不，不一样，我叛逆得可能更过分一点。

大概因为父母不在身边吧，我从来都是自己生活。很长一段时间我都认为我是被全世界抛弃了的小孩，没有人会喜欢我，在乎我，我死了也不会有人管。

既然是这样，那我乖给谁看呢？我就是要自暴自弃，就是要折磨自己。

我开始泡吧，打架，认识了很多社会上的坏孩子。早读不去上，直接睡到中午，班主任通知了我妈，我二话不说就找人打了他。

下手有点重，我直接被开除了。当然，这事我没有告诉我爸。

但我爸还是知道了，过年他回家听到了我跟同学的通话。

我说："开除就开除吧，本来就不稀罕上学，反正也没人在乎我。"

他蹲在院子里，双臂抱着肩膀，一抖一抖的，吸了好多烟，一根又一根。

我妈说："你跟你爸认个错，回去好好念书。他那么辛苦赚钱都是为了你啊，他只有你这么一个闺女。"

我死活不去，心里堵着一口气，大声呵斥道："我认什么错啊，我根本没有错，说什么为了我，这么些年他管过我吗？你问他，你问他知道我几岁了吗？他知道我上几年级吗？同学们都说我没有爸爸。"

我妈哭了，我也哭了。父亲有没有哭我不知道，但是我知道他真的怒了。

因为下一秒他就走进屋里，甩手给了我一个响亮的耳光，说："你现在就给我滚，我没你这个女儿，滚！"

我哭着跑出去，甚至想到了自杀。

03

如果说 14 岁之前，我的人生都是一片昏暗，那 14 岁以后，总也算是柳暗花明。

原因大概是因为奶奶去世吧。发现的时候已经是癌症晚期。当时家里并没有太多的钱去治疗，即使有，也治不好。

她去世的前一晚，拉住我的手说了很多话。她说："我很担心你跟你爸，这么些年你们都没有说过几句话。奶奶求求你，你不要怪他。他从小就很自闭，不喜欢说话，像一块木头一样。跟你妈结婚都是别人介绍的呢，当时我跟你爷爷啊，一直都担心他会打光棍……"

奶奶说着说着就笑了，笑着笑着就走了。

我将亲手织的围巾戴在了她的脖子上，然后她带进了棺材里。

《暮光之城》里贝拉说，童年不是从出生到某个特定的年纪，而是到了某个年纪，孩子成长并抛弃孩子气的事。童年，是一个无人死亡的王国。

奶奶去世时我并没有哭，好像突然变得很成熟，也就是在这一瞬间，我的童年，乃至整个青春期，都结束了。

我开始懂得，生老病死都是人之常情，而人活着的每一天对于已故的人和时间来讲，都是恩赐。

活着很不易，无论听多少大道理都不一定过得好这一生，但道理终究还是要听。因为人始终都要被社会这个染缸糊弄得八面玲珑，你有义务，善始善终。

04

高中以后的我，勤奋到我自己都害怕。尽管我一直很努力，但高考的时候还是失利了。

我妈很担心我，一直不断地给我打电话，因为她在电视上看到很多学生因为高考落榜自杀的新闻，怕到整夜都睡不着。

她说："你不要想那么多，考成啥样都没关系。妈不希望你能有多大出息，真的，你健康就好，好好活着就好。我跟你爸就你这么一个女儿，你要是出点什么事，我们也就不活了。"

我泣不成声，不是因为落榜，是因为我妈对我的无所求，给了我天崩地裂的感动。

我妈只是一个不识字的农村妇女。她很善良，善良到完全没有底线，她的心里只装着孩子，天大地大，有孩子的地方才是家。

还有父亲，父亲年轻时是做工程的，每当他建起一栋高楼，手上的老茧就会更深一层。很辛苦，没有很高的工资，也没有很大的本事，憨厚老实，平凡如土。

记得前段时间我写了一篇《因为我只是普通人家的孩子》，到底有多普通呢，大概就是死了都不会有人知道的那种芸芸众生。世界很忙，总是发着光，而我们很暗淡，暗淡到走路都要掌灯照明。

从小到大，我没有跟父亲说过几句话，但是我知道，他一直用自己的血肉之躯支撑着我一天天长大。我起航时，他在背后凝神张望；我跌倒时，他随时给我依靠的肩膀。

05

我是什么时候有了这样的认识呢，是在大学时他第一次见我男朋友的那个晚上。

我跟男朋友是高中同学，一起来广州读大学，磕磕绊绊很多年，可以说是情比金坚了。

当时我跟父亲说，什么时候有空见一见我男朋友吧。他当时没有说什么，一如既往地平淡。好像我只是一个过路人，死活跟他没有什么关系。于是他转身回屋了，看都没看我一眼。

后来我妈告诉我，那天我爸一天没吃饭，一直在床上睡觉，从天黑睡到天亮，从天亮又睡到了天黑。

那又怎样呢，他依旧是这样一幅冷若冰霜的样子，我不知道究竟什么才能触动他心里的最后一层防线，但是那晚，我知道了。

他喝了很多酒，很多很多。醉了以后，他哭了。

父亲一边哭一边跟我男朋友说："你对我闺女好点，我求求你，你别让她受委屈，否则我死都不会放过你。我从小惯着她，让她顺其自然地长大，她什么都不会做，烧开水都不会，但是她还是我的宝贝。我只有她这么一个闺女，所以我求求你，求求你……"

说着说着，父亲睡着了，他睡着以后我哭了。

06

那个晚上，我跟我妈说了一夜的话。我躺在她的腿上，就像小时候那样。

她说："还记得你6岁时，你爸第一次打你吗？其实不是因为你说了奶奶坏话，是因为他不想让你小小年纪就嚼人口舌，这习惯不好。你爸那个人啊，脾气很怪，又不会说话，但是他心里最在意的就是你啊，为了你，他多苦多累都愿意的。现在他逢人便说，闺女长大了，闺女很厉害，闺女一直是他的骄傲……"

我渐渐地听不清我妈在说什么了，头很痛，嗡嗡地响，紧紧地闭着双眼，眼泪怎么也忍不住，流进了耳朵里。

我想睡觉，而且我相信，我肯定比谁睡得都安稳。还会做一个梦，梦到冰山一样的父亲，随着我的逐渐长大，逐渐开始融化。

融化以后的他，性格变得很柔软。柔软了，父亲也就老了。

07

我今年22岁，父亲43岁。

我用22年的时间证明，为人子女的我到底有多不及格，而父亲用自己的前半生的时间证明，不是所有的爱都必须要摆到桌面。

他爱你，可以是在你病的时候端的一杯热汤，也可以是在你犯错时狠心给的一巴掌。循循善诱教你如何飞翔是爱，不管不问狠心将你扔进谷底也是爱。

就像你喜欢喝加了色素、糖精和添加剂的饮料，因为那种酸爽你能直接感受得到。但是你忘了，真正纯天然无任何添加的牛奶，才能真的带给你所需的营养。

真的，很多时候，人都只喜欢表面上的冠冕堂皇，我们都虚伪。我也一样，我们都一样。

但你终究会知道，生活中那些平淡无奇的爱和感动，终究会在时光的打磨下闪闪发光。那种珍贵，值得你一生守护，一生受用。

愿你历尽千帆，
依旧不忘初心

01

小时候老师布置作文，题目是“我的梦想”。

很多同学都写自己的梦想是当一个科学家、发明家、医生、教师、飞行员等等。但我不一样，我说我想当一个作家，而且是一个出名的作家，全世界都认识我，觉得我很厉害的那种。

然后老师就说我：“小小年纪怎么就有那么强的功利心呢？不想着怎么把成绩提上去，一天到晚就想着出名，回去重写！”

老师很凶，我不服，但又不敢说。于是回去重写，写我想当一名教师，想像我的语文老师一样教书育人，培养更多的栋梁之材。

于是她给我很高的分数，但是我却在心里，给自己打一个大大的零分。

那时候我不怎么明白，为什么想出名就是功利心呢？甚至都不知道什么是功利心，只是一心想让全世界的人都认识我。

那个时候我妈也经常说：“别看人不大，野心倒不小。有野心是好事，不过别总是嘴上说，做出成绩才是真的了不起。”

我一直记着这句话，时刻提醒自己，只有做出成绩，说的话才有价值。

慢慢地长大了，我才知道小时候那个所谓的“野心”，就是大人们所说的“格局”。但格局大又能怎么样呢？这一路走来，我不是没有怀疑过自己。

怀疑自己当初那个想被全世界知道的梦想，也许就是年少时的一时轻狂。以自己如今的势单力薄，根本就是痴心妄想。但这一想法很快被我推翻了，并且伴随着深深的自责。一个人如果不能忠于自己，那么苟活于世的意义又在哪里？

02

没有人知道我对于文学有多么热爱，对于写作，有多么疯狂。

我从记事起，就能写出不符合当时年龄的东西，几次三番被老师叫去谈话，厉声问我从哪里抄来的。我红着眼睛不解释，直到参加写作大赛屡屡获奖，老师当着全班人的面，向我鞠躬道歉。

你可以怀疑我是抄的，但不能怀疑我这份与生俱来的对写作的炽热。

当时我跟老师说，每当我拿着圆珠笔沙沙地在本子上写字，就会觉得自己是世界上最幸福的孩子。笔尖的文字就是我跳跃着的灵魂，没有什么能使我安静，使我真实地面对自己的内心，只有写作可以。

老师什么都没说，送了我一本书，书的名字叫作《撒哈拉的故事》。那是我第一次知道三毛，也是第一次更清楚地知道自己想要什么。

那一年，我 12 岁，刚上初一。

写作和旅行，与三毛来说，是一生中最亮的两颗星。

与其说我爱上了三毛，爱上了流浪文学，倒不如承认，我是肯定了骨子里那个隐藏的自己。我知道我一生都不可能活得循规蹈矩，我是一个心属于远方和未知的人，我的使命，应该生而流浪。

带一支笔闯天下，跟世间所有的美好不期而遇。一直在路上，一直不断地突破和超越，一路跋涉，一生羁旅，然后在最美的时刻，毫无遗憾地死去。

但在完成旅途之前，我希望我能足够勇敢，勇敢到不被世俗打倒。

哪怕写不出迎合世人和市场的文章，也要告诉自己，初心易失不易守，所有你向往的美好，都在不远的尽头。

接触新媒体以后，我得到了很多人的认可，我不后悔我所走的每一步路，因为我从不浮躁。

我喜欢这种走在大地上的踏实，这种踏实是我安全感的最大来源。

03

我有写日记的习惯，大概从小学 5 年级开始，直至今天。

很不可思议吧？写作于我来说，早已深入骨髓，成为生命里的一部分，也只有写作才会使我的生活变得鲜活而深刻。

这大概就是我从不担心没有灵感的原因，因为一个真正热爱写作的人，肯定是真正热爱生活之人。

而写作源于生活，选择热爱生活，灵感就会无处不在。

写作可以将思想变得更有深度，日子过得更佳充盈。写作的过程是将自己的心用文字剖开给世人看，是传播某种思想和理念。其基础来源于生活，却又高于生活。它是生活的再次转化和升华，是给平淡的日子润色，是给浅显的日子化妆，从而使其变得多彩而深刻。

三毛说，大自然里，刚硬的树枝必然脆弱，而它们的表象，往往粗大而引人注目。细柔的藤条可能强韧，可是乍一看去，又那么不显眼而渺小。而青年人急于成为大树，而内在本质的坚硬与否来不及去顾及，一刀砍下去，便是断了。

如今的我愿意默默无闻地做一根细柔的藤条，一眼望过去丝毫不起眼，但却比谁都清楚，内心无比坚韧。

我依旧渴望成为大树，但是却不再梦想着一朝便枝繁叶茂。

如果说年少时的梦是飘在天上的云朵，那么现在我扎根于大地，就是将梦想冶炼成努力，努力建造一座天梯。总有一天，我会触摸到云朵，然后看着落在大地上的汗水，轻轻地说一声，辛苦了，谢谢你。

真的，你很优秀，未来你会经历更多的种种。你会行万里路，读万卷书，你会历尽千帆，并且不忘初心。

那就让我们一起在细水长流的生活里，感悟生活的本真吧，感悟正在发生的一点一滴，看树叶飘落，看花朵盛开，看四季轮回，风雨变幻。

美好又独立，自省且自由。

图书在版编目（CIP）数据

你所谓的厌倦，不过是因为停止了生长 / 仲念念著. —北京：北京理工大学出版社，2019.1

ISBN 978-7-5682-6317-7

Ⅰ. ①你… Ⅱ. ①仲… Ⅲ. ①人生哲学–通俗读物 Ⅳ. ①B821-49

中国版本图书馆CIP数据核字（2018）第212351号

出版发行 / 北京理工大学出版社有限责任公司
社　　址 / 北京市海淀区中关村南大街 5 号
邮　　编 / 100081
电　　话 / (010)68914775（总编室）
(010)82562903（教材售后服务热线）
(010)68948351（其他图书服务热线）
网　　址 / http://www.bitpress.com.cn
经　　销 / 全国各地新华书店
印　　刷 / 北京亚通印刷有限责任公司
开　　本 / 880毫米×1230毫米　1 /32
印　　张 / 6.5
字　　数 / 146千字
版　　次 / 2019年1月第1版　2019年1月第1次印刷
定　　价 / 36.00元

责任编辑 / 田家珍
文案编辑 / 田家珍
责任校对 / 周瑞红
责任印制 / 李志强